伊藤Pの
モヤモヤ仕事術

伊藤隆行

Itoh Takayuki

a pilot of wisdom

はじめに

伊藤Ｐ。

伊藤隆行は世間でそのように呼ばれています。

Ｐはプロデューサーの頭文字。つまり僕はテレビ局のプロデューサーであり、テレビ番組をプロデュースしているわけです。日本が誇るあの最下位キー局、あのテレビ東京で。

入社三年目、ＡＤ時代の呼び名は「鼻」でした。理由は、鼻が大きいから。「オイ！　いい加減鼻の陰から出てこいよ！」とか言われました。周囲の人には常に鼻の陰に隠れているように見えていたのでしょう。そのあとが「ピノ」。もちろんピノキオの「ピノ」。「オイ！　嘘《うそ》ついて鼻が伸びちゃってるよ！」とか言われました。周囲の人には常に嘘をついているように見えていたのでしょう。それからディレクターになるとただの「伊藤」。

「オイっ伊藤！　ど〜なってんだ！　このバカ！」

そして入社一七年目の現在、なぜか社内でも「伊藤」の下に「P」が付いています。「オイっ伊藤！　アッ伊藤P～あのさ……」そこは言い直さなくて全然いいのに。

「伊藤P」と呼ばれるようになった理由はひとつ。『モヤモヤさまぁ～ず2』という番組でたまに僕が登場し、そこでさまぁ～ずの二人が「おっ！　伊藤P」と呼ぶからです。その「伊藤P」はプロデューサーのくせにアホなことを言って、スットぼけているようなのです。さまぁ～ずの二人には「伊藤君」よりは「伊藤P」の方がアホっぽかったのでしょう。ん？　ちょっと待てよ……思えばこの本番の直前に、後輩のディレクターに「先輩！今日テレビ出てもらいますんでヨロシクお願いします！」ええ⁉　昨日言ってくれよ！「まぁ趣旨説明するだけなんでウマイこと頼みます。伊藤P～」って……名付け親はアイツか！　親は後輩か！　本番の五分前に急に言われたのでもはやモヤモヤしちゃってます。

思えば僕は、常に「周囲の人」にいろんな呼び方をされてきました。そこに自分の意思がない……。常に他人によって自分が認識され、常に他人から評価されてきました。報道志望で入ったこの会社でも、多くの「周囲の人」の意見によって一度も報道に従事することなく真逆のバラエティ番組のプロデューサーになりました。意味が……分かりません。

自分の意思は常に他人が支配している→他人が自分の人生を決めている→他人の意見で生きている→そんな人間が新書を書く→全く意味が→分かりませんよね。

ハッキリ言います。僕は自分がモヤモヤしちゃってるんです。大いなるノンポリ。悪く言えばただの「いい加減」。でもそれでいいと思って生きてきました。何故ならそれは僕にとっては難しい生き方、理想とすべき「仕事術」だったからです。この執筆の話をいただき、いざ本を書くにあたり、まずは自分を見つめ直すことにしました。自分を見つめることなんて人生にそう何度もありません。二〇〇二年に結婚した時くらいかな……だからこの本には何人かの非常に重要な、僕にとってはとても大切な「他人」に登場してもらいました。自分の人生を決めてきた「他人」。その人たちに「伊藤P」のことを勝手に僕の知らない場所で話してもらいました。モヤモヤした自分像をなるべく読者の皆様にハッキリお見せするために。かなり恐怖なので、実際僕もこの本が出版されて初めて読むことにします。ああ……怖っ。怖すぎる。今後、僕の思惑とドンドンずれちゃっている発言が出てくると思いますが、逆にその辺を面白がっていただけたらありがたく思います。さまぁ～ずの三村さん、大竹さん、テレビ東京の大江アナ、大橋アナ、構成作家の北本かつらさん、そして新入社員当時の上司・近藤さん、この場をお借りして御礼申し上げます。「言いたいこと言っといたから安心していいよ！」的な皆さんの不気味な笑顔が怖くてたまりません。

それでは、株式会社テレビ東京に一七年勤め、いくつかの番組をプロデュースした経験の中から、ザ！ 中堅サラリーマンの現場の「思い」を書いて参ります。まずはいきなり、唯一のポリシーです。

誰でも自分の中の一%だけは天才です。
だけど、
誰でも自分の中の九九%は完全に凡人です。

この本で僕がお伝えできることは、このことだけです。これをいかに自分の中にしっかり抱けているか。行動できているか。それが必殺！「モヤモヤ仕事術」の全てです。これ、かなり簡単です。でもこれ、ほとんどの人がやっていないと思います。いや、やれないのかもしれません。皆、ちゃんとした人間だから。

目次

第三章 企画の考え方

第一章　最下位局・テレビ東京で育って

マイナスを背負っているテレビ局

テレ東。

テレビ東京のことです。

このテレ東、世間では「よそとは違うテレビ局」という印象が非常に強いようです。

たとえばある時。大事件が起きてどの局も現場から生中継しているのに、一局だけアニメを流していることがあります。かと思えば、深夜、突然エロい番組を放送していたり、見るからにお金がかかっているとは思えない旅番組やグルメ番組をたくさん扱っていたりする。そんな「どこか明後日《あさって》の方向を向いている」カラーがあります。

しかしこのテレ東、皆さんが思っている以上にすごい局なんです。

何がすごいかと言えば、ず〜〜〜〜〜っと最下位ということ。局が誕生して以来、視聴率の世界でずっと最下位をキープしている、唯一無二のテレビ局なんです。抜群の安定感です。

日本中が東京オリンピックに沸き立つ一九六四年、テレビ東京は「東京12チャンネル」

として開局しました。その後、六九年に日本経済新聞社が経営に参加。社名が「テレビ東京」になった八一年、大阪に初のネット局が誕生して、一応のキー局になりました。といっても「メガトンネット」と呼ばれるネット局が六局になり、一応の全国ネットに放送網を広げたのは、つい最近のこと。キー局としては非常に若い局です。

「お〜いローカル局！」

「電波弱いね〜」

「そもそもテレビ局でしたっけ？」

テレビ業界内〝テレ東あるある〟な発言集です。同業他社に朗らかな笑顔で言われると、相手の笑顔が吹き飛ぶくらいの大爆笑でお返ししています。ハ、ハ、ハ〜。

そもそも、振り返れば、誕生当初からテレビ東京は人気がありませんでした。

開局したきっかけは、在日米軍用のテレビチャンネルが終了し、返還された免許を日本科学技術振興財団が取得したことにあります。いわゆる教育チャンネルだったわけです。だから放送の中心は科学番組でしたが、他局がエンターテイメント番組で人気を博す中、お堅い内容が注目を集めるはずもありません。視聴者が少ないあまり、開局から二年後には一日の放送時間が五時間程度（！）に縮小しました。ひどい時は夕方の五時に始まって、午後九時前に放送終了。これでは、高校生の部活と大して変わりありません。

八〇年代のテレビ業界では、「三強一弱一番外地」という言葉が定着していたと言います。三強は日本テレビ、TBS、フジテレビ。一弱はテレビ朝日で、一番外地がテレビ東京。テレビ東京は、「弱」扱いさえされなかった局なのです。

そして時は流れ、二〇一一年。開局から半世紀弱が経っても、テレビ東京は視聴率競争で全くブレることなく最下位の位置にいます。

四七年間、最下位……。他にそんな例があるでしょうか。競走馬のハルウララで一一三連敗、東大野球部でも七〇連敗です。日本の企業で、他に例を見ないほど珍しい「功績」なのです。

そんな最下位であり続けるスゴさとどうしようもなさ。テレビ東京はどこにも真似できない歴史を背負った、悪く言えば負け癖がついている局だと言えます。

でも……だからこそテレビ東京はオモシロイんです。負け癖こそ唯一の「魅力」と言っても過言ではありません。

テレ東はマイナスからのスタート

なぜテレビ東京の視聴率が低いのか。その原因は複合的なもので、一言で語れるものではありません。しかし、テレビ東京がもろもろの問題を抱えていることは、理由のひとつに数えていいでしょう。

たとえば「一時代を築いているアイドルで番組を作りたい」「人気絶頂の女優さんと仕事がしたい」。そう考えたテレビマンは、自分の想像を現実のものにするため、せっせと企画書を書きます。

しかしテレ東の場合、どんなに情熱をこめて企画書を書いたところで、「その人は一〇〇%出ない」と言い切れてしまうタレントさんが結構いるのです。

それは局とタレントの関係、予算、後発局で歩んできた歴史、チャンネルイメージなど、もろもろの要素でハンディを背負っており、せちがらい話、テレビ東京に出るメリットを感じない要素が絶対的にあるからです。

たとえば最近、一人のタレントが朝から晩まで、同じ局のほぼ全ての番組に出ていることがありませんか？　そういう時は大体、当日か翌日、その局で気合を入れたドラマが始まります。そこで主演級の俳優やタレントが各番組に顔を出すことによって、プロモーションをかけているわけです。

しかしテレ東だと午前中は経済ニュースや通販を、昼間は映画や再放送、夕方にはアニメを放送していて、顔を出すスキがありません。

だから他局が得意とする「知名度のあるタレントに一日出演してもらい、その番組特有の扱い方をして数字を稼ぐ」方法は物理的にありえないわけです。もっともそれ以前に例に出したドラマ自体、テレビ東京ではほとんどやっていないのですが。

話は自局番組に限りません。何かの宣伝目的でテレビに出るとして、全国六局しかネットしていないテレビ東京と、四〇局近くを抱えるキー局のどちらがいいかといえば、当然、後者がいいに決まっています。影響力が違いますから。他局が当たり前のように持っている武器を、われわれは持っていないのです。われわれ社員は自分達のことをたまにこう呼びます。

テレビ東京竹槍部隊。

さらに核心をついた話をすれば、芸能事務所やタレントとボタンの掛け違いで揉《も》めた歴史も少なからずありました。「もうテレビ東京には出ない」と不信感を募らせている方も中にはいるのです。

過去のこととはいえその負の遺産はずっと残っていて、背負う必要のないものまで背負っています。でも、そういう会社……なんだか憎めないんです。

テレ東の企画はパクってもよし

テレ東あるあるをもうひとつ。

「テレ東の番組は他局にパクられて終わっていく」

この業界では恐ろしいことに、民放四局は、テレ東の企画はパクっていいという暗黙のルールがあります。ウソつけ、と思うでしょうか。しかし僕には、他局にそういう生理があるとしか思えませんし、実際に他局のプロデューサーにそう言われたことすらありました。テレ東の良いアイディアを、うまいこと焼き直して派手にする。はっきり言ってそんな光景は今までかなり見てきました。そもそもパクってはいけないというルールはないのですが、あくまで似たものを見せられる視聴者の立場に立てば、節度ってもんがあるということです。

その中でも数多くの番組企画を各局にご提供したのが『TVチャンピオン』です。一九九二年に始まったこの番組、一芸に秀でた一般人を競わせる内容で、「引越し屋さん選手権」「和菓子職人選手権」「手先が器用王選手権」などなど、ゴールデンタイムなのに主役が一般人という画期的な企画。まさに素人参加型バラエティの先駆的存在、言わばテレビ東京の顔でした。

やはり名物企画は、「大食い選手権」です。大して巨漢ではない普通の人達が、差し出された料理を次々平らげていく、驚異の光景。よく分からないエネルギーに圧倒されたのか、コラムニストの故・ナンシー関さんを筆頭にファンを公言する人が増え、「大食い選手権」は高視聴率を誇るヒット企画になりました。

そして「大食い」に人を惹《ひ》きつける何かがあることを悟ると、他局は「ほとんどそのまななんじゃないか」と言いたくなるような、類似番組を立ち上げたのです。『開運！なんでも鑑定団』もそっくりクローンを生みましたし、『愛の貧乏脱出大作戦』もそっくりクローンを生みました。そもそも日本人にとって、サッカーがここまでメジャーになる前に地道に『三菱ダイヤモンドサッカー』で海外サッカーを放送していたのもテレ東ですし、あのアイドルグループが国民的アイドルになる前に、地道に夕方レギュラー番組で育んでいたのもテレ東でした。ああ…人気が出れば……お払い箱……いいぞテレ東！

僕がプロデューサーを務めている『やりすぎコージー』でも、「ウソかホントかわからない　やりすぎ芸人都市伝説」が高視聴率を獲得するや否や、にわかに都市伝説番組が量産されました。さらに同番組で誰も知らない超若手芸人や日の目を見ないオモシロ芸人を勇気を持って発掘すれば、すぐさま他局さんがお持ち帰り。海に一番近い大きなキー局の某プロデューサーに「いいネタ見せ番組だね〜。参考にさせてもらってま〜す」って言われたこともありました。ネタ見せ番組を作った覚えはありません。もちろん、番組がきっかけで芸人さんが売れていくのはいいことなのですが。驚くことに、深夜番組の『怒りオヤジ3』という番組や、ずいぶん昔に放送した『人妻温泉』というちょっとエッチな深夜番組はなんと！　アダルトビデオのシリーズを生みだしました。あ、これは名誉か……。

でもモロパクリされたからと言って、怒ってもしょうがないのです。というのも、テレビ業界において「パクってはいけない」というルールがあるわけではないのです。ただし、「そんなことをしていたらカッコ悪いと思われますよ」とは、声を大にして言いたい。モラルやプライドや制作者マインドの問題です。「他に無い番組を生み出す」というこだわり。もしジャンルが同じなら、意地でも新しい手法を取り入れる志。ここにこだわるからこそ、番組は輝くのだと思います。あ、少し熱くなりかけた……こらえておきます。

実のところ今は企画をパクられたら、その番組と戦おうとは全く思いません。昔はいちいちイライラしていた時もありましたが、パクられたら本望で、こっちがやめてしまえばいいと思っています。その代わり、同じ趣旨の企画をやる場合は、意地でも他の番組にはない新しい要素を一個のっけて番組を作る。テレ東はそういう姿勢の会社であるべきだと、僕は思っています。こうした精神は、パクられ続けた局で育たないかぎり生まれなかったでしょう。そしてこれこそがテレビ東京の最大の武器、「独自性」の正体です。

最下位だから勝ち方を考える

入社してすぐ、「どの時間帯にどういう番組を放送するのか」など、会社の方針を決める編成部に配属された時、テレ東の置かれた位置を知って、「いつかは他局に勝ちたい……」と思いました（その頃は状況をよく分かっていなかったんです）。

お茶の間にテレビがあって誰にでも選択権はあるし、ゼロから企画を出すという点においては全員が同じスタートラインに立っている。だから平等なはずだと。面白いものを作れば、他局が一〇％の視聴率の時、うちは二〇％を獲得する時がきっと来ると。

でも、平等じゃないんです。先ほど説明したように、負の遺産やネットワークの問題で、物理的にかなわないことはどうしてもある。

万年最下位の事実は揺るがない。だとしたら勝ち方を考えましょう、と自分を納得させていきました。会社にないものを求めてもしょうがない。じゃあどうすればいいかを考えた時、正しいかどうかはともかく、その答えを自分なりに持っていなければいけないと感じたのです。

一番カッコいい勝ち方。それは圧勝です。

他局の視聴率が一〇％の時、テレ東だけが二〇％。これは非常にカッコいい。プロ野球で言えば二位と二〇ゲーム差をつけての優勝。マラソンで言えばぶっちぎりの快走です。

しかしバラエティに限って言えば、現在のテレ東で他局と数字が拮抗《きっこう》しているのは、唯一『開運！なんでも鑑定団』だけです。どう前向きに考えても、数字で圧勝するのは難しい。もしかしたら、他局が五％の時、テレ東が六％で数字を上回ることがあるかもしれません。でも万年六位の野球チームが五位になったところで胸を張れないように、ちょっと勝ったぐらいじゃカッコ良くないんです。

数字の上で戦っても、どうせカッコいいことにはならない。そこで僕は、あることに気がつきました。

勝手に勝てばいいと。

僕は自分が作っている番組が、ぐうの音も出ないほど、完全に負けていると思ったことはありません。数字では負けても、「こんな番組、おたくらにはできないでしょ」という思いは確実にある。

明確に視聴率で勝っていなくても、勝ったなという時はあるんです。たとえば他局はウン千万円の制作費を使って視聴率が一〇％だったのに、テレ東の裏番組は何百万円の制作費で八％の視聴率というような場合。表に出た数字だけを追えばテレ東の敗北ですが、費用対効果では明らかに勝っている。勝者からみれば、たまったもんじゃない。

それにテレ東には、ファンがつきやすい局という特徴が昔からありました。僕は世間の人が「テレ東」と呼ぶ時、どこか好意的な響きを含んでいるな、と思っています。日本人特有の判官贔屓《ほうがんびいき》も手伝って、「方向が少しズレていて決して成績は良くないけれど、頑張っているから憎めないクラスメイト」的な感情を抱いているのではないでしょうか。

そう考えると、数字には反映されないけれど好きな人が多い、という勝ち方だってあるわけです。好きだから見る、つまり積極視聴の勝利。それはテレ東の、ひとつの強みと言えるでしょう。

もっと目線を下げてしまえば、最下位だ、番外地だと言われながらも、われわれは給料をもらって食べていくことができている。その部分では「全然他局に負けてないじゃん！」とも思います。

TBSを超えよう、日本テレビに勝ってやる、という考えそのものは空虚です。「どうやって勝つか」がないかぎり、やたら勝ちを目指してもしょうがない。

他局の番組を恥ずかしげもなくパクりました→テレ東ファンを裏切りました→それで他

局より視聴率が良かったで〜す↓バンザ〜イ　では何も残りません。

とは言え、テレ東は開局しておよそ半世紀、ずっと最下位であり続けた局という意識は根本にあります。ビリはビリだし、小バカにされている感覚もちゃんと持っている。でも「それってすごすぎるよね！」ということ。事実は事実として素直に認めてしまえばいい。負けている中にも利点は必ずあるんです。だって負けているんだから、その先は上に上がるしかないでしょう？

そうやって、最下位なりの勝ち方を僕は探していったのです。

インパクトと内容で勝つ

『朝まで生テレビ！』の司会でおなじみ、ジャーナリストの田原総一朗さんは、僕の先輩に当たります。と言っても同郷だとか学校が一緒というわけではありません。あまり知られていませんが、田原さんはテレ東が開局した頃に入社し、現場でディレクターを務めていたバリバリのテレ東社員だったのです。

しかもディレクター時代に撮ったドキュメンタリーがまたすごかった。闘病で片腕を失った役者の人生に踏み込んで、その手術シーンを撮影したり（!）、国会議事堂に向かって猟銃をぶっ放したり（!!）、フリーセックス集団に潜入してカメラを回したり（!!!）。話を聞いただけでも衝撃の作品だらけです。

一度『やりすぎコージー』にゲストで来てもらって、ほんの少し会話したことがあります。「それにしてもすごい作品を作っていましたよね」と言ったら、田原さんはこうおっしゃっていました。

「だって普通にやったところで、見てもらえる局じゃないんだから。よそに勝つためには、とにかくインパクトをつけないといけなかった。それはテーマかもしれないし、演出かもしれないし。だから、テレ東から学んだことはたくさんある」

それを聞いて僭越《せんえつ》ながら、自分と同じ精神なんだな、と思いました。そうなんです。テレ東は同じ内容をやっていては勝てない局なんです。

比較的よく見る企画内容で、だけどちゃんと作り込んで、「これが日テレでやっていたら面白いだろうな」と思える番組をテレ東で放送したとしましょう。そういう場合、その番組は日テレで流した時に稼ぐ視聴率の五分の一も獲らないと思います。だからもし企画段階で「これ、フジテレビでやった方がいいな」と感じたら、僕は企画を持ってきた人に「他局さんでお願いします」と言います。

なぜ差が出るか。ひとつの理由として、予算が違いすぎるんです。

さすがに具体的な数字までは明かせませんが、テレ東の総制作費の予算は、他局の一〇分の一ぐらいのイメージで考えていただきたい。嘘じゃないんです。朝からニュースをやってワイドショーをやっている他局に対して、テレ東の場合は通販をやったり、再放送や映画を流したりで、あんまり番組そのものを作っていないと思いませんか。それは圧倒的にお金が足りないという事情があるからです。

ゴールデンタイムの番組だと他局の半額以下、場合によっては三分の一ということも。よそが番組のパイロット版を作る費用で、番組そのものを作らなければいけないこともあります。他局の一〇分のＶＴＲ一本の予算が、テレビ東京の六〇分番組の総予算、ってノリです。

だから他局と同じレベルの番組を作った場合、テレ東は断然カッコ悪くなるんです。よそに憧れて、真似事をしているみたいに見えるから。一〇〇〇万円のセットができないので、二〇〇万円で作りましたというのは、画面を通すとハリボテみたいに映ってしまう。ゴージャスなセットやタレントをドーンと揃《そろ》えることは、テレ東ではかえって番組の死を招きます。

でも、たとえば「空からず〜〜〜っと日本を見る企画」や「急に初対面の芸能人が家に来て泊めてと言われる企画」のようなある種バカバカしすぎる企画だったら、話は違ってくる。他局ではきっとGOサインが出ないだろうし、うちでやる方がチープさも相俟《あいま》って面白くなるはずなんです。

前述の通り、テレ東は局として受難を繰り返し、タレントの力に頼るのが難しい歴史を築いてきました。その結果、アイディア勝負、内容勝負になっていったわけです。

素人に脚光を浴びせた『TVチャンピオン』、一般人のお宝を自慢してもらう『開運！なんでも鑑定団』、見知らぬ土地で見知らぬ人に「泊まらせて」と頼み込む『田舎に泊まろう！』、空撮映像が延々続く『空から日本を見てみよう』などなど。並べて分かるように、はっきり言って、企画に関してはある種ぶっとんでいます。でもそれらはどれも必然性を伴っていた。「全てにおいて後発である」というマイナスの意識が、企画を飛躍させるんです。

今、僕が練っている企画も、世の中的には「古い」「なんでそれを今頃?」と言われそうな材料を真正面から取り上げる内容です(もしかしたらこの本が発売される頃には、新番組として始まっているかもしれません)。それが成功するかどうかは、正直、やってみなければ分からない。ただ負けても失うものが少ないゆえ、世間から逆行していることで勝負できる。それが、他局、そして世間の流行にあえて逆らう〝逆張り〟テレビ東京のいいところだと思っています。

インパクト重視、アイディア勝負、逆張りも厭《いと》わない。こうした姿勢に対して、周りの局の人は何をしてくるか分からない、不気味な感じをテレ東に対して抱いています。それはテレ東の唯一無二のとりえであると同時に、勝ち負けを超えた価値なのではないでしょうか。

必ず見てくれるファンに対して番組を作る

勝ち方として数字そのものではなく数字の中身を見た方がいい、と考えるようになって気がついたことがあります。

『ガイアの夜明け』を立ち上げたプロデューサーと話していて、すごく共感したのは、「テレ東は視聴者を差別するべき」という意見でした。

ビジネスシーンの中で起こるさまざまな事象を取り上げる経済ドキュメンタリー番組『ガイアの夜明け』は今でこそ認知されましたが、番組が始まった二〇〇二年には、「こんなビジネスに特化した内容で誰が見るんだよ？」と言われていたそうです。実際、遅い時間帯とはいえ視聴率は二〜三％台。なんとも先行き不安に見える船出でした。

それでも内容を変えずにやり続けたのは、ひとつの信念があったからです。番組のターゲットは、ワイドショー好きな主婦層や、わんぱくな子供ではなく、一定ラインの平均年収をもらっている、ある程度裕福な人。そういう層に向かって放送して、それ以外の視聴者はまったく意識しないわけです。

限定した層に視聴者を設定したら、もうそこからは動かない。少なくともターゲットにした層の人達には大多数に見てほしい、その上で作りによってはそれ以外の人も巻き込みたい。そのことを意識しながら、毎回の切り口を考えていくのです。そうやって企画内容を崩さず、番組を発信していくと、「こういう面白いことをやっているぞ」とだんだん波及していきました。つまり番組はプレミアムな存在となり、先駆的な第一歩を踏み出す。

僕は『ガイアの夜明け』を初めて見た時、「面白いことやってるなー。この番組は目線の番組だな」と思いました。たとえば会社の人事に注目し、人事をテーマに一時間の番組を作るなんて、なかなかです。しかし、よそにない目線や独自の着眼点を持っているからこそ、必ず繰り返し見てくれるファンが増えて、番組が成功していく。

もし視聴率を一五％獲ろうとなったら、ターゲットをそこまで絞らず、いろんな人を巻き込む考えを持ち込まないといけません。でも万人受けを狙《ねら》うと、熱を持って支持してくれる固定ファンを取りこぼしてしまう危険性がある。どちらを選ぶか？　僕の番組にあるのは、もちろん「好きな人だけ見てくれればいい」という方法論です。

つまりテレ東の基本になってるのは、ちゃんと愛してくれる視聴者に向かって、きちっとした番組を流して、「面白い」と言われるというスタンス。それを実現するのは、制作費でも、ネット局の多さでも、局の歴史でもありません。アイディアさえあれば、できることなんです。

だからテレ東は、少なくとも積極視聴を狙う局でなければいけません。テレビの見方には自主的にチャンネルをあわせて番組を食い入るように見る積極視聴と、なんとなくテレビをつけてはいるがあまり番組を見ていない消極視聴の二種類がありますが、後者では熱心なファンがつきませんから。

テレ東は弱小なりに、テレ東流の愛し方をしてもらわなければいけないんです。

第一歩を踏み出す局でなければ！

他局と違うことをしなければいけない

二〇一〇年、僕は初めて映画を撮りました。そのタイトルはテレ東のヒット番組『田舎に泊まろう！』ならぬ『お墓に泊まろう！』です。

ことの発端は前年の秋、吉本興業から「沖縄国際映画祭に出品する映画を、バラエティ畑の人に撮ってほしい」と在京キー五局に声がかかり、テレ東では僕が指名されたのです。しかし秋と言えば、年末の特番期を控えた忙しい季節。ビックリするほどの番組を抱え、年末まで一日も「映画」にあてる時間がない。即座にお断りしました。そして各局が次々と撮影に着手する中、テレ東だけは態度を保留して気がつけば二月に。映画祭は三月下旬なので、うちは参加を見合わせるんだな、と思っていたところ、上からこんな指令が降りてきました。

「やっぱりここはひとつ引き受けてほしい！」と。

一ヶ月でゼロから映画を作るなんて、どう考えてもムリな話です。僕は首を横に振ろうとしました。しかし説得しに来た編成部のある先輩が「今こそテレ東の底力を見せたいんだ！」と深夜の居酒屋で拳を固めた瞬間、不覚にも心が勝手に発火してしまって、「やりましょう」と言っちゃったんです。今思えば……酔っ払ってました。

早速その居酒屋で、その先輩とどんな映画にするか、話し合いを開始します。

新しい話を作るには、時間も予算もない。といっても映画だから、「本編に行こうとしたら、予告編で終わっちゃいました！　テヘッ（笑）」というテレ東ならではのスカシでは見ている人は納得しないはず。まず、姑息《こそく》な手段はやめようということで意見が一致しました。

原作はありません。スタッフはその時点で目の前の先輩と僕の二人。笑っちゃうほど、ゼロからのスタート。決まっているのは一ヶ月後に完成していること。まず決めたのは、制限時間二時間、その間話した内容で、絶対に映画の中身を決定することでした。内容をもんでいる暇はなかったのです。ならばウソのない、テレ東にある部分を出すのが一番良いのではないか。それにテレ東社員が作ったのならば、「テレ東ならでは」のものがないといけないだろう。ではみんなが納得してくれるテレ東の要素とは何――?

不景気な昨今、巷《ちまた》では「今、マスコミも景気悪いんでしょ。テレ東なんて真っ先につぶれるんじゃないの?」というよからぬ冗談が囁《ささや》かれています。消滅することが奇妙なリアリティを持っている唯一のテレビ局……。これを使わない手はありません。

三〇分後……「経営が傾いたテレ東を葬儀屋が買収する」という話の外郭が決まっていました。その時、二人はジョッキを二杯飲み干していました。

あれは酒の勢いだったのか、会社をつぶすだけでも十分不届きなのに、そこに映画の中で社長に死んでもらう案も追加されます。フィクションとは言え、本当に自分は不良社員だなと思いました。

ここで一部の読者は「テレ東って風通しが良さそうだから、社長が作品の中で死ぬぐらいシャレで済むのでは？」と思うかもしれません。

でも、よく考えてみてください。そんなはずないじゃないですか。

僕が作っているようなバラエティ番組のゆるい雰囲気と違って、結構、質感は昭和のサラリーマン気質の、堅い会社なんです。僕も社長と会話することなんてほとんどありません。だからあらゆる企業同様、役員以上の人に説明すれば「社長をいじるなどもってのほか」という結論になるのは火を見るより明らかでした。

しかしわれわれは、役員のために企画を考えているわけではない。もちろん社長に気分良くなってもらうためでもない。見る人に面白がってもらいたいから、仕事に励むのです。

そこで、局長の一人を説得して、一五分だけ社長に直談判するチャンスをもらいました。

局長と一緒に社長室に入ると、島田社長はこれまで何度か問題を起こしてきた僕と先輩を一瞥《いちべつ》して、「厄介なヤツが来たな」という顔をしています。

これはさすがにヤバいかな、と思いながら企画をプレゼンしました。島田社長は腕を組んで小さく呟《つぶや》いています。

「会社つぶれるのか……。しかも俺、死ぬのか……」

脇汗じんわり……。しかしプレゼンが終わると、社長はこう言ったのです。

「まあ生前葬は縁起がいいんだ。会社も俺もみんな死んで、死んだ気になって頑張ろうってことか。分かった。やればいいじゃないか。しかし、まさか俺に棺桶《かんおけ》に入れって言うんじゃないだろうな？」

そこで、迷わず一言……

「……いい勘されてますね、社長」

この時点では、社長役を演じた松方弘樹さんがまだ決定していない状況だったので、僕は社長に棺桶に入ってもらおうかと本気で考えていました。

社長室を出ると、局長に「反則だ！　社長が死ぬなんて俺は聞いてないぞ」と怒られました。

社長の名前でおかしなところに力を貸しているのは、世間の持っている「テレ東」のイメージに非常にはまっていて、テレ東っぽいことではある。だから局にとって、決して悪い話ではないんです（そう信じたい）。

それに他局では、自分の会社がつぶれる話に社長自ら出るのはありえないこと。だからやってやろう、と思った部分は少なからずありました。

採用面接をすると学生達は、テレ東の魅力はやれオリジナリティだ、やれ個性だと言います。僕も学生の時はそういうイメージを持って、入社試験を受けました。今もその考えは変わっていません。いや、むしろ確信に変わりました、きっとそれがテレビ東京の役割であり使命なのでしょう。

他局ではできないことをテレビ東京はやってくれる。そういう唯一無二の個性がある局じゃないと、タレントさんに対しても、業界にとっても視聴者にとっても、あっても意味のない局になってしまう。他局と同じことはできないし、やってもしょうがない。自虐とプライドの両方から発生した〝個性〟。そんなものは一〇年以上も働いていれば勝手に染み込んできます。

ちなみに映画が完成し上映してからも、社長からは特に何も言われていません。きっとテレ東の良さを誰よりも理解している人なんだ……と勝手に思っております。

局の文法を活かして番組を作る

「五局会」という小さな集まりに、たまに顔を出します。参加するのは、日本テレビ、TBS、フジテレビ、テレビ朝日、そしてテレビ東京のバラエティ番組関係者。少し前までテレ東には声がかからなかったのですが、最近になって「あいつも頑張ってるようだから、ぼちぼち呼ぶか……」と仲間に入れてもらった次第です。こういう扱いには慣れていますから、気にしないでください。

そこで情報交換していると、つくづく「テレ東は他の民放の人と文化、文法が違うな」と感じます。何の文法が違うかというと、テレビのあり方、発想、感覚、そして先ほどふれた予算などなど。全てにおいて常識のレベルが違いすぎるんです。

ただし、僕はテレ東の文法をとても大事にしています。上層部のことをとやかく言って煙たがられることも多々ある僕ですが、テレ東というチャンネルを裏切って番組を作ったことは一度もありません。

テレ東が持つ最大の強みは、旅番組やグルメ番組という看板があることです。どんな小さい局でも、看板があること、顔があることは何事にも勝る武器。そうやって先人が作ったものを、僕はリスペクトして番組に取り入れています。

たとえば深夜帯で番組がスタートした『やりすぎコージー』は、テレ東の生んだ不朽のお下劣番組『ギルガメッシュないと』と同じ時間帯で始まっているからエロスも扱う。『モヤモヤさまぁ～ず2』だって、街歩きという点ではテレ東お得意の旅番組に準じた手法です。たまに上の人から「おまえはこの局をどうしたいんだ」と言われますが、僕が手がけている番組は自分の中で整合性があって、全然テレ東の文法に反していないと思っている。

「五局会」に参加していると、何だか自分が一番会社をしょい込んでるなと感じます。それも責任が重くて、会社の柱を担っているわけでもない。背負っているのはマイナスやムダなものばかりです。アレ？　つらいのかな今……？　となると頭が勝手にモヤモヤして次の日には忘れる機能が作動します。便利な……機能です。

でも常に「テレビ東京じゃなければできないことは何か」を入り口として考えているから、他局より道は狭くなった分、思考は相当磨かれているんじゃないかとも思います。足かせがあったから、ぼんやりした気分で会社に入った僕が、やれることを見出せた。

もし他局に入っていたら、もっと普通のテレビマンとして、もっと多くの給料をもらって、もっといい生活をしていたかもしれません。でもこんなにテレビを楽しいなと思うことはなかったでしょう。

だから僕はテレビ東京には感謝しているんです。最下位であるがゆえに。

弱いヤツがいかに勝つか

「弱いヤツがいかに勝つか」——今思えば、僕にとってはテレ東に入る前からその歴史は始まっていました。

高校時代、僕が所属していた部活は野球部でした。学校は早稲田大学高等学院。世界の王選手や荒木大輔投手、そしてハンカチ王子こと斎藤佑樹投手を輩出した早稲田実業ではありません。同じ早稲田の名前がついていても、ソニーの井深大さんや青島幸男元東京都知事が卒業している方です。野球とちっとも関係ありませんね。

早稲田大学高等学院こと通称・学院はエスカレーター式に早稲田大学へ行けるということで、高校受験で目指す学校としては最高峰の一つと呼ばれていたりします（手前味噌ですいません）。だから極端なヤツが多くて面白い学校なのですが、基本的に野球がやりたくて入ってくる生徒はいません。

だからスポーツ推薦のような甲子園に行くための最短距離となる方法を採っていないから、野球部の強さはほどほどでした。

最後の夏の大会であっさり負けた僕は、そのまま大学に進学してからも、ノックをしたり、守備を指導したり、野球部のコーチとして真面目に手伝っていました。

その時の教えは、「バッティングはスランプがあっても、守備と走塁にはスランプがない」。

強豪校のように、すごく速い球を投げる投手も、めちゃくちゃ打球が飛んでいく打者もいない。じゃあどうするか。カッコよくヒットを打つことを目指さず、選球眼を磨いて、泥臭くてもいいからフォアボールを選ぶ。走者はしつこくリードして、投手に牽制《けんせい》球を投げさせる。足の遅い者は、見るからに足が速そうに詐欺的にリードする。そうすれば、もしかすると相手がエラーするかもしれない。成功すれば結果としては二塁打を打ったのと同じ。向こうがミスしたら、走力を活かしてそこにつけ込む。自滅しないよう、守備では絶対にミスしない。

つまり相手のミスで一点を取ったら、その一点を守って勝てというのが学院の野球なんです。良く言えば頭脳野球。体力無いなら頭使え！　です。でも振り返ってみて、改めて思いました。ああ、地味……。

もともと負け犬根性で、頭で勝つことを目指す野球なので、高校生の頃は、勝てっこない相手にどうやって勝つか、そればかりをじめじめ考えていました。

二〇一〇年、夏の大会で後輩達の雄姿を見ても、体型を見た瞬間、「これは甲子園に行けないな」と僕は確信しちゃいました。だって、相変わらず顔つきも「中学時代は勉強していました〜」みたいなもやしっ子に見えちゃったから。

それがなんとベスト四まで進出したんです。実に五六年ぶりの快挙。ベスト四入りを賭《か》けた東亜学園との試合では、一対〇のスコアで勝利をもぎ取りました。これがまた「相手のミスで一点を取ったら、その一点を守り抜く」勝ち方だったんです。昔と全く変わらない。あの頃体験した野球が、あの地味野球が成果を結んだ。地味が勝った！　神宮で僕の涙腺はガバガバに開放されました。

結局このチームも、準決勝では早稲田実業とぶつかって散っていきましたが、なんとも学院らしい野球で気持ち良かった。そして弱くてもどこかに勝ちを見出そうとする自分の原点を、確認した気がします。

ちなみに僕は野球をやるのが好きで、あまりプロ野球は見ない子供だったのですが、中学生の時、ファンになった球団が阪神でした。当時はファミコンの「ファミスタ」という野球ゲームが大流行していて、その中で黄金時代の阪神がやたら強かったんです。

最初は、バースが打つなー、掛布が打つなー、岡田も打つなー、えっ真弓も打つなー、これは本物だなーと興味を持ったのですが、その後、弱くなってから本当に好きになりました。和田とか大野とか渋い選手にグッときて、そこから野球をマニアックに見るようになったんです。

パ・リーグでも弱い時の南海が好きでした。ソフトバンクの前身で、今の若い人はピンとこないかもしれません。門田や香川のようなドカベン体型の選手ばかりいて、今考えると「そりゃ弱いよ」と言いたくなるチーム。憧れの選手はいなかったのに、なんで好きだったんだろう？　思い至る理由はやはり「弱かったから」ぐらいです。

もしかすると「弱いと放っておけなくなる」精神が、僕の中に根を張っているのかもしれません。そして、やがて自分の中の「弱さ」もはっきり見えちゃったんです。きっと。

実は前から気づいてました。

僕は完全な凡人です。

弱いです。

でも、夢は見ます。

テレ東に入社した理由

久しぶりに会った古い友人が僕の職業を知ると、「伊藤がテレビ局!?」と驚かれることがあります。

それも無理ありません。自分自身、テレビ局に入社するとは思ってもみなかったのですから。

大学で経済を専攻していた僕は、留年スレスレのところでなんとか論文を仕上げて、無事、卒業できるメドが立ちました。さて就職活動です。当時はバブル崩壊直後でしたが、採用人数をカットするほど企業も深刻ではなく、何度かOB訪問すれば入社の足がかりがつく平和な時代でした。そこで僕も「専攻、経済だし!」というノリで、金融業界を受けたところ、いくつかの銀行でもう少しで内定が取れるぐらいまで進んだのです。

同時にテレビ局も受けていました。理由は……今、一所懸命就職活動をしている学生さんには恥ずかしくて読んでほしくないのですが……面白そうだと思ったから。テレビ業界では先輩もツテもない、実力勝負です。そしてほとんど、書類選考で落ちました。

その中でエントリーした学生全員に会ってくれたのが、テレビ東京です。テレ東では当時、現在の看板番組である『WBS(ワールドビジネスサテライト)』もあまり目立たず、株式関係の数字がやたら流れている印象でしたが、経済報道の局というイメージはありました。経済のゼミに入っていた僕は、これはチャンスかもしれないと考え、面接に挑みました。

「経済に関して独自性のある御社で報道の記者になりたいと考えています。もっと勉強するために、台風中継でもなんでも行きます」

今から考えれば、ウソ八百の浅い知識、口から出任せです。でも当時は結構真剣に語っていました。そしてその意気込みが伝わったのか、一次試験、二次試験とトントン拍子で通過していったんです。

役員面接までこぎつけると、「これはひょっとして……」という気分が盛り上がってきました。しかし浮かれる僕に冷や水をかけるような連絡が届きます。それは「数日後、身体検査があるので集まってください」という報せでした。

その時まで、すっかり忘れていました。自分が色弱であることを。生活するのには、全く不自由しません。ただ検査で表を見ると、引っかかる。そのことを気にして母親が泣いていたこともあったので、若干のコンプレックスは持っていました。その時、「あ、これはダメだな」と悟ったのです。調べれば分かるし、テレビは白黒じゃあるまいし、あえて採用するとは思えませんでした。

そして迎えた検査の日。「色弱ってことは、ムリなんですよね?」と担当者に訊《たず》ねると、「そうと決まったわけではありませんから。信じて待ってくださいね」との返事が。これはきっと落とされるんだ、これで今までがムダになるんだなと思ったら、悔しくなってきました。こうなる可能性は分かっていたはずなのに、なんでテレビ局なんて受けちゃったんだろう……。自分の部屋に戻って、一人涙を流しました。

そうやってあきらめていたところに、採用の連絡が届いたのです。

「なんて懐の深い会社なんだ。ここでお世話になろう」と感激した僕は、銀行の人事担当者に、ごめんなさいの連絡を入れました。

もしかしたら、他のテレビ局、他の企業でも、色弱は採用に影響しないのかもしれません。でも結局、それが決め手になって、僕はテレ東に入社してしまいました。それから局のために頑張ったり、グチャグチャ言ったりしながら、一七年もお世話になっています。

結局、人を動かすのは勝手な感謝なのかもしれません。

そして僕が勝手に感謝している人と言えばこの人、大江アナウンサー。『モヤモヤさまぁ〜ず2』で頑張ってくれている魅力的な後輩です。たまに飲みます。そして少し、怒られます。

証言1 「伊藤Pの源とは？」

テレビ東京アナウンサー　大江麻理子

伊藤Pと初めて仕事をしたのは、タレントさんがいろいろな特訓を受ける、とあるバラエティ番組でした。これが始まってすぐに難しい問題に直面してしまったのです。

その番組では進行役として私がついたのですが、出演者が多くて、役割の振り分け方を考えていくと、どうしてもアナウンサーの出番がなくなってしまう。それが他の出演者の方にもかえって気を遣わせる状況になってしまっていました。そこで私からお願いして途中ではずしてもらったんです。

その時、プロデューサーの伊藤Pにどうすべきかを率直に相談したら、真剣に話を聞いてくれたんですよね。それで「年下の私の意見にも耳を傾けてくれる先輩なんだなあ」という印象が残りました。

伊藤Pは一風変わった番組を手がけているので、自分のやりたいことが明確に決まっていて尖《とが》っているイメージが強いかもしれません。でも実際は局の後輩やスタッフ、周りの意見を全部丁寧に聞いてくれます。まず話を聞いてみようという姿勢を持っているんですよね。

でも、ただ聞いた話を鵜呑《うの》みにするわけではなくて、対話の中で自分のポリシーがこういうもので、こういう意図で番組を作っているというのを理詰めで説明していくんです。『モヤさま』の時間帯がゴールデンに変わる時、私は絶対深夜の方がいいと思っていたので、「私は反対です」と伝えたんです。その時も伊藤Ｐは「そうは言っても決まったことなんだから」「うるさいよ」とは一切言わず、私の考えを聞いた後、会社がどういう意図なのかを説明してくれました。そうしてくれると感情的なわだかまりは残らないし、納得できればこちらも頑張れますよね。

結局、最終的には伊藤Ｐの思惑通りになっていく気はします。ただその時々で最善の方法をみんなで考えたら、それが伊藤Ｐの考えていることと合致するケースが多いので、伊藤Ｐの思う方向に動いてるように感じるのだと思います。

ですからリーダーでも、「俺についてこい」というタイプと言うより、みんなの話を聞いて「そうか分かった。そういうことなら僕達の方向性はこうだよ」と示せる、調整型のリーダーなのではないでしょうか。

『モヤさま』のロケでは、伊藤Pはいつも楽しそうにしていますね。もしかすると出演者、スタッフの中で伊藤Pが一番楽しんでいるかもしれません。

たまに収録で喫茶店に入ったら、奥の席で伊藤Pがコーヒーを飲んでいたりしますから。さまぁ〜ず・三村さんのご自宅にうかがった時は、私達がカメラの前で頑張ってゲームをしているのに、伊藤Pは隣で缶ビールを開けて三村さんのご両親と乾杯していました。天真爛漫《らんまん》で、すぐその場になじんでしまうんですよね。「ちょっと楽しみすぎじゃない？」とも思うことしばしばです……。

ロケバスの中でもずっとアハハと笑っているし、ロケ中はちょっと離れたところから腕組みして眺めていることが多いのですが、そこでもケラケラ笑っています。それが横目にチラッと入ると、「あ、笑ってる。大丈夫だ。間違っていないんだな」という安心感を与えてくれるんですよね。

あと伊藤Pは面白がる天才だと思います。常に「面白い」と口に出して、その「面白いねー！」でつい出演者が乗せられるところがあります。

それは現場に限った話ではない気がします。たとえば自分の職場環境に対しても、伊藤Pは「せっかくいるんだから面白い場所にしたい」と考えるタイプなのではないかなと。テレビ東京が他の局に比べて番外地と言われることを「悔しい」と怒りのエネルギーに変えるのではないんですよ。「存在をそんなに知られていないけれど面白い局があるよ」という情報を小さく発信していって、それに気づいて一緒に面白がってくれる視聴者の方がいればいい。その人達はまだマイノリティだけれど、もうちょっとパイが増えていけば最高だね……というスタンスなんでしょうね。ビリであることをうまく活かしながら、開き直ってどれだけ楽しむかに賭けていると思うんです。視聴率の獲り方を研究して、どこかの局と肩を並べるということには興味がないのでは？　それよりもテレ東らしさを追求しようとしている風に見えます。きっと根底に「楽しむ」「常に面白がる」があるんでしょうね。

『モヤさま』が始まった時のことはよく覚えてます。「さまぁ～ずさんと街をぶらぶら歩く。で、面白いものを見つけて楽しむ番組です」と伊藤Ｐから説明されて、私はただ「はあ」と。

さまぁ〜ずさんがいるなら大丈夫だと思ってはいたのですが、最初にロケをした時、あまりにフリーハンドなので驚きました。伊藤Ｐの作り上げた企画は「街をぶらぶら歩く」という発想の部分だけ。中身は本当に出演者任せで、自由にできるものでした。

ただ現場では私達が主導権を握りますが、その後の編集は完全にお任せ。しっかり作ってくれるんです。ですからただ任されて途方に暮れる感じではありませんでした。「後でどうにかしてくれるからこの場で楽しめばいいのね」と安心感を与えてくれたうえで、自由にさせてもらえる。それは心地よかったです。任されることで、自分達で引っ張っていこうという気持ちも芽生えますし。

またその任せ方がうまいんですよ。「ああ、信頼されているんだな。せっかく信頼されているなら、それに応えたい」と思わせてくれる。

私は、困って人に相談を持ちかけることが少ないんです。ただある時、どうしても困ったことがあって、伊藤Ｐに相談したら、信じられないぐらいほっとする一言をかけてもらえたんです。その一言が何だったのか、今となっては定かではないんですが……。ぼやかしているわけじゃなくて、ごめんなさい、本当に忘れてしまったんです。

でも「この人に相談して良かったー！」という気持ちだけは忘れられなくて、とても感謝しています。私のように恩義を感じて、伊藤Ｐのためなら、と思う人が伊藤Ｐの周りにはいっぱいいる気がします。だからテレ東の中でも周りが支える仕組みができあがっていて、思いついたことを形にしやすいのかもしれません。人を引っ張る力、人を巻き込む力が強くて、私も完全に巻き込まれていると思います。間違いなく、人たらしですね。

＊

意外な一面と言ってもいいのか、伊藤Ｐは家庭を非常に大事にしています。番組でハワイに行った時も、夜ロケができないぐらい真っ暗になったので、開いているデューティーフリーにみんなで行くことになったんです。それでバラバラになって好きな売り場に行くんですけれど、伊藤Ｐはおろおろしながら私についてくるんですよ。

どうしたのか聞いたら、「奥さんから頼まれたものを買わなければいけないんだけれど、

伊藤Pは
"自分のおかれた環境を
常に楽しめる"人。

テレビ東京アナウンサー
大江 麻理子

それ以外にも自分が見つけた素敵なものをプレゼントしたい。でもよく分からないから、大江が何を買うか観察させてくれないか」と。それで、自分のものは後回しにして、奥さんやお子さんへのお土産ばかり買っているんですよね。

その姿勢は仕事にもつながっているのではないでしょうか。「面白がる」の原点が家庭にあるのだと思うのです。ツイッターで息子さんが書けるようになった漢字を発表したり、息子さんの寝相が悪くて奥さんの顔に蹴《け》りを入れたことを報告したり、お子さんの成長ひとつをとってもずっと観察して面白がっている。だから伊藤Pを見ていると思うんです。仕事の場面だけで何かの才能を発揮するって難しいことで、普段の積み重ねが大切なのかも、って。

第二章　プロデューサーという仕事

上に立つ者は媒介であれ

プロデューサーとは、具体的にはどんな仕事をしているのでしょうか。

たとえば『モヤモヤさまぁ～ず2』だったらロケに同行して、さまぁ～ずにあれこれと指示して現場を盛り上げ、それを放送用のV（VTR）にまとめる……これはディレクターの仕事です。

そのロケ地を事前にリサーチしたり、当日の弁当やロケバスを駐車する場所の確保など、もろもろの雑用を一手に担う。これはアシスタントディレクター（AD）の仕事です。番組によっては異なりますが……。

僕は『モヤさま』のロケについていきます。でも現場ではロケの様子を遠くから見てニヤニヤしているだけ。事情を知らない人が見ると、「あの人はなんの役に立っているの？」と不思議に思うかもしれません。鋭い指摘です。極論すれば、僕は何もしていません。

と言うのも、プロデューサーの仕事は初期設定にあると考えるからです。

実現したい番組を企画書にまとめる→上層部からOKが出て、放送の枠と予算を与えられる→出演してほしいタレントに「こんな面白い番組を一緒にやりませんか？」と口説く→優秀だと思うスタッフにも「こんなことをやりたいんだ。そのためにおまえ達の力が必要なんだ」と協力を求める→人が集まる→以上、かなり終了。

と言ってよいぐらい、タレントなり人なりを選んだところでプロデューサーの仕事はほとんど終わっています。本番の時、僕がヒマそうにしているのは、それがうまくいっている証拠なのです。特に大事なのは信頼したスタッフのために環境を作ること。それによって番組の寿命や伸びしろは大体決まってくると確信してます。もちろん番組がスタートしてから伸びしろを見つけていくケースもあります。内容に納得がいかなければ、演出にも口を出しますし、音楽やテロップにもこだわる時もあります。それは、初期設定に若干失敗している証拠。そもそも、最初にその企画を選んでいなければ、あるいはそのスタッフを選んでいなければそうなることもありませんから。

初期設定……たとえるなら船。番組と言う名の大きな船です。動かすための重要な船員たちが総合演出率いるクルー軍団。その船の舵《かじ》を取るのがプロデューサー、そう船長です。いい船なら、大船に乗った気分で思いっきり昼寝です。つまり、初期設定に成功し、何もしないでいられるプロデューサーが、究極というわけです。

またもや極論します。

僕は、クリエイターではありません。

憧れとしては、そうありたいと思いますが……。多くの人の力を借りて番組を作っている自分が、そんなに大した仕事をしているとは思えません。これは謙遜《けんそん》でもなんでもなく、本当に。他のテレビ関係者がクリエイターなのかどうかはともかくとして、少なくとも僕が自分のことをクリエイターと思うことは一生ないでしょう。

では自分の存在は何かというと、ただの媒介だと思うんです。

『モヤさま』で言ったら、僕はさまぁ～ずという触媒をどう活かすかということしか考えていません。そのために一番良い反応を起こしそうなスタッフ（これも触媒です）を集めるのです。つまりタレントとスタッフの力が最大限引き出せればいいわけであって、番組の中に自分が自分がと〝我〟をにじませることはプロデューサー本来の仕事ではないと僕は考えます。

だからテレビのプロデューサーには、モノを創る才能よりも、ちゃんと関係者の意見を吸い上げること、その感受性を持てることの方がずっと重要です。アイディアがボンボン浮かぶような天才である必要はないけれど、人を活かす天才を目指す必要はあります。

何人もの人が関わって、自分の思いついた一ぐらいの起点が一〇〇にも二〇〇にもなっていると思えば、自分の存在なんて些細《ささい》なものです。関わる人全てが、伸びるでも悩むでもケンカするでもなんでもいいから、最終的に気持ち良く仕事できればそれでいい。それで納得すればいい。これが、番組を送りだすプロデューサーの最低限の役割。だからこそ、結果に納得できるのです。

会社の課長や部長にも、自分ならではの個性や突出した才能なんて要らないと思うんです。部下が気持ち良く働いてくれさえすれば、かなりOK。

「人の上に立つ者は、媒介であれ」

調子に乗ってカッコいいことを書いてしまいました。こんな立派なことを言って、「それって結局、他人の力でしか生きていないんじゃないの？」と言われれば、その通りです。そのモヤモヤを晴らしましょう！　大声で言います。

私、伊藤隆行は、他人の力で生きてます。
他人の意見に左右されます。
でも、それでいい。
なぜなら、
テレビ番組も自分も、自分が評価しているのではないから。
他人の評価が「評価」だから。
出てくる結果は他人が出した「結果」だから。
スーパー凡人。スーパーノンポリ。絶対に恥じません。
大事なのはそれを自分で受け入れること。
その方がよっぽどカッコいい。
そう、自分は普通の人間です。

部下のために死にまくれるのが、プロデューサー

高校時代、僕は真面目な野球部員でした。

それほど打てないし、足もとりわけ速い方ではなかったのですが、守備は相当練習で鍛えられて、レギュラーではありました。その手のタイプの選手に与えられる打順は、大体二番、七番、八番、もしくは九番。となると高校野球では必ずバントをやるわけです。

みなさんはバントのつらさを知ってますか？　まず練習が孤独です。ゴチンッ……ゴチンッとマシン相手に孤独と戦う。バットにはボールが当たると遠くに飛んで行く芯《しん》があって、いかに芯に当てるか、というのがバッティングの真髄です。皆バットを構えれば、カキ～ンと場外ホームランを夢見て、思いっきり振り抜きたいはずです。それに反して、いかにボールを殺して近いところに転がすか、というのがバント。つまり芯をはずして当てないといけないから、芯を鷲《わし》づかみにしてバットの飛ばない部分にしっかり当てる。そうすれば、打球の勢いは確実に死ぬ。これが一番美しいバントなんです。

球の勢いを殺すことで、走者を生かす。そして、自分が死ぬ……。これって悲しくないですか？

僕は悲しいです。

現役時代は、死ぬかというぐらい練習していて、そんな気持ちになるヒマはありませんでした。だけど大学に入ってから野球を辞めて、高校時代を振り返ると、そのことばかり思い出したんです。特に就職を意識して自分を見直す二年生の後半から、「野球では、人のために死んできたんだな〜」と。

さてなんの話をしているのかというと、プロデューサーにも「人のために死ねること」が求められると思うのです。プロデューサーは、やりたい企画が面白くなければいけませんが、それだけで務まる仕事でもありません。大事なのは、人のために死ねること……いや、死にまくれることが、プロデューサーの最低条件です。

上司からOKを引き出すために面倒くさいけど飲みに行く。誰のために根回しをするのか？　自分の場合もあるけれど常に人のことばかり考える。会社のことも考える。時には後輩ディレクターに仕事を任せて、大きなトラブル。場合によっては彼らの後始末で謝りに行く。信じられないほど至近距離で怒鳴られることすらある。この仕事、面白いですか？　一〇〇％つまらない仕事でも、プロデューサーはそういうことが平気で出来なければいけない。それで給料をもらっているんだから、イヤな思いをするのも当然なんです。お仕事なんです。

番組は一人では絶対にできません。必ず誰かに支えられている。極端な話、総務や人事、経理に至ってもスタッフと言っても過言ではありません。金八先生も言ってます。人と人が支えあってはじめて人間。スタッフ同士が支えあってはじめて番組が出来る。

プロデューサーの仕事は往々にして誤解されます。「華々しい仕事」だと。これは、実務においてはかなりの幻想です。地道です。確かに番組の起点になって、自分の思い描いた世界を創れることは事実です。しかし、AD（アシスタントディレクター。機材や取材先の手配、その他飲食物の準備やロケ現場での交通整理など、番組制作に必要な雑用全般をこなす）と同様、ディレクターを補佐するという点では同じくらい大変ですし、つまらないことを買って出なきゃいけません。しかも責任を取る立場。他人のミスも自分のミスになります。

テレビマンは全員、成果物（つまり番組）を世に送り出すことで究極の幸せを得ます。その番組を最高のものに仕上げるために、全ての実務が発生する。だからこそ、スタッフ全員の苦労が報われることや、それによってモチベーションが高まること、究極的には本当に楽しい仕事だとスタッフが思えることが必要になってきます。そのためプロデューサーはスタッフに対して、目に見えない達成感を与えていく。スタッフのためにバントをし、点を取らせる。そのことが番組を高いクオリティに押し上げていく。地道。でも大切な仕事です。

「悲しみ」を抱き、今日もプロデューサーはバントをします。

部下の仕事に頑張って口を出さない

総合演出とディレクターが、こだわって作ったVがあるとします。それに対して、ああでもないこうでもないと細かく口を出すのが、プロデューサーのイメージでしょうか。でも僕はできあがったものに対して、頑張ってワーワー言わないようにしています。

ディレクターにはコンセプトとキーになることだけ守ってもらって、あとは彼の得意分野を出してくれればいいんです。塗り絵の外枠を描いているのがプロデューサーだとしたら、ディレクターには好きな色に塗ってもらって構わない。「この青は俺にしか出せない青なんです」と大いに世間に主張してくれたらいい。

たとえば番組のゲストに誰を呼ぶかを決めるのは、プロデューサーも大きく関わる色づけ作業です。企画は同じでも、仕上がりがスカイブルーになる時も金ピカになる時もあります。たとえて言うなら、ジャニーズは金色。だってテレビに国民的アイドルが出ていたら、無条件に目を惹くでしょう？　そんなことを期待して、完成したら焦げ茶色……なんてことがよくあります。『やりすぎコージー』なんてそんな回ばっかり。「誰だよこの人？」という知名度の芸人達が集まって、まるで絵の具を洗わないパレットのような色になってる時があります。良いように言えば、茶色い美学です。

「これ、茶色すぎない？」と思うことはあります。もし頑張って修正の利く色であれば頑張りますが、どうにもならない時は「い……いい色だね……」とあきらめる。でも、それが作った環境の中で出した最大限の答えだったら、色は地味だろうと濁っていようと構わないんです。それよりも僕は「これをどうしちゃうんだろう？」って、ワクワクしてみたい。

と言うのも、最初から「やるだけやってみろよ」という思いがあるからこそ、そのスタッフを採用しているわけです。優秀さで言えば、その人より優秀な人材なんてたくさんいるはず。でもその人間の個性に賭けているんだから、それでやっていくよということ。その完成品に、一歩も二歩も必要以上に踏み込めば、グチャグチャの色になっちゃう危険もあるのです。

『モヤさま』で僕はロケに同行しますが、常にカメラの回っている現場にいるわけではありません。たとえば店が狭くて人が多いと邪魔な時は、外でブラブラしてマネージャーや関係者と談笑しています。

現場に踏み込まないのは、中で仕事しているディレクターの方が自分より長《た》けていると思っているからです。僕よりも企画を面白がっているし、自分より良いと思えるところがたくさんあって、「すげーなこいつ」って素直に思える。もちろん全然足りない部分もあって、そこが目に余ったり、明らかに間違えている時はさすがに「ここは直しなよ」と指摘しますけれど。

でも細かいことは気にならないし、許せることはどうでもいいかなと思うんです。だってどこからどう見ても間違っているわけでないのであれば、自分以外の人が見たらすごく面白いかもしれないじゃないですか。そこは深く気にしないで、どうぞ「お好きに塗ってください」の精神でお任せします。最初から「番組は総合演出やディレクターのもの」と割り切ればいい。ことさら自分の感性を押しつける必要はありません。

仕事には、我関せずの他人事でいる覚悟も必要です。

最後まで見る

僕はディレクターが持ってきたVにあまり口を出さないと書きました。なぜかと言うと、自分が持ってきたVを否定された時、ディレクターはどうすればいいのか、全く見えなくなってしまうからです。それが正解だと思って持ってきているから、それ以上の答えをもはや自分では導き出せないんです。

僕にもそういう経験がありました。編成から制作に来てすぐ、『愛の貧乏脱出大作戦』で駆け出しのディレクターを務めていた頃の話です。

テレビ業界には、ディレクターの作ったVをプロデューサー陣に見せて、最終的にどう放送するかを決めるプレビューという関門があります。最終チェックの工程で、誰もが緊張する場面です。

その時、僕は三〇分ぐらいのVを持って行きました。精魂込めた自信作なので、もしかして、「伊藤、おまえ若いのにすごいの作ったな!」なんて言われるんじゃないか? そんな妄想が脳内に広がります。

ところが一分半ほどVが流れた時、プロデューサーが「止めろ」と低い声を絞り出しました。

どこか気になる箇所があったのかな……と僕が思っていると、プロデューサーはテーブルをドカーンと蹴って、こう言ったのです。

「時間が勿体《もったい》ない……。なんだこれは？　何がどう面白いか説明してみろ！」

全く予期していなかった反応でした。だって、こっちは三〇分まるまる面白いと思っているんですから。そのVは自分の全てを詰め込んだマックスなんです。

そうやって追い込まれた人間はどうするか？

泣く以外ありませんよね。

いや、泣きはしなかったですけれど、ディレクターにとって、「これって面白いの？」と言われるほど屈辱的なことはありません。「すいません、面白いと思っています……」と僕は震える声で答えました。

今振り返ると、Vの出来はひどかったと思います。もし今もう一度「見ろ」と言われたら、恥ずかしくて逃げ出すでしょう。

ちなみに、僕にそう言ったのは、すごくお世話になった上司でした（フォロー）。そのVも結局その後、放送に間に合わないからどこかで見てもらわないといけないので、死ぬほど直して、夜中の三時に電話したんです。すると「寝てるに決まってるだろバカヤロー」と怒りながらも、上司は自宅で、パジャマ姿のまま見てくれました。当時はVHSテープで編集するため、何度も何度もダビングしていくと、映像の中の輪郭がなくなって画面がどんどんドロドロになっていくんです。それを見て上司が「なんだこれ」と笑って、全部見た後、「もういいよ、これで」とOKしてくれました。今考えると、眠くてなんでもよかったのかもしれません。それを含めて全てがいい思い出です。

でもその出来事が僕の心に深い傷を残したので、自分はどんなにつまらないVでも絶対最後まで見て、それから「つまらない」と言うようにしています。

あまり出来が良くないVの場合、僕はまず良いところを探します。テレビって面白いことに、使えるところを探して組み替えていくと、びっくりするぐらい違う番組になるんです。ナレーションひとつで変わることもあるし、そこは知恵を出せばなんとでもなる。放送できないものなんて一個もありません。だから机を蹴られながら面白さを説明する筋合いなんて、本当はどこにもないんです（心の奥で僕は上司をまだ恨んでいるのかもしれません）。

ディレクターには良いところが多いほど、言うことは少なくなるし、まだ若いんだなと思ったら全部を見てあげて、「ここをこうすればこうなるでしょ。もう一回やってきて」とアドバイスします。ただし三回言って三回ダメな子は、理解力と能力がないということ。四回目以降は直す作業が地獄になってしまって、トラウマになる可能性もあるので、その部下のことはあきらめます。でも最大限の結果を持ってきているかぎりはちゃんと対応しないと、ただ嫌われるだけですから。

僕が駆け出しの時を振り返ると、番組のルールが分かっていて自分より経験値のある人が、よくつきあって、よく助けてくれたと思います。できない子は誰かが人知れず面倒を見てあげる。そして、もし彼が恩義を感じたら、その人より大きくなって成長した姿を見せるのが恩返しではないでしょうか。……上司への恨みをチラチラ書いていたら、なんだかいい話になっちゃいました。

アナウンサーを起用する

プロデューサーが番組を立ち上げる時に起用するのは、スタッフだけではありません。局のアナウンサー、いわゆる「局アナ」の人選も、番組の雰囲気を決める大事な仕事です。『やりすぎ』の大橋アナ、『モヤさま』の大江アナなど、僕が抜擢《ばってき》した女子アナは活躍する、と言われているようです。でも、いっぱしの目利きのように評価されるのは恥ずかしい話で、実際には大江アナも大橋アナも最初から目立ってました。これは完全に本人達に怒られますが書いちゃいます。何が目立っていたかと言うと、大橋アナは……ダサかった。パーマかけて、田舎の娘っぽくて、ヘンな人でした。でも……それが可愛いと思えたんです。一方、大江アナは優等生っぽい割に、どこかドン臭い感じがヘンに思えて……家でボ～ッとしている彼女を想像すると何故か笑えてくる。二人とも……ごめん。

と言ってもビジュアル云々《うんぬん》ではなくて、実際に僕が可愛いと思うのは、なにか「漏れている」部分です。抑えきれない何かがその人の魅力だと思うんです。たとえば番組収録中、脇汗をたくさんかいている大江アナは愛おしい。汗は自分で制御できませんからね。その脇汗に大江アナの人間性がにじみ出るんです。アレ？ 何か……おかしなこと言ってますか？

バラエティ番組にアナウンサーが出ることは、ある意味〝恥部〟を出すこととイコールです。だからパリッとスポーツキャスターをやっている大橋アナを『やりすぎ』のような品のないバラエティの戦場に置いたらどうなるか？　下ネタあり、コスプレありのタフな役回りが求められる予想はつくし、報道をカチッとやっている大江アナが街を歩いてさまぁ～ずの二人に挟まれたら何かが出ちゃうだろうなって想像もできます。

つまり大事なのは、真逆の環境に置いてあげることなんです。その中で、必死に自分を守ってもらう。そうすると、普段出しているA面に対して、もともと持っているB面が出てきちゃう場面がくる。平たく言うと、隠しておきたい部分がひょっこり顔を出す。そんなに人間って素直ないい子の部分ばかりじゃないですから。僕からすれば、大江アナは頭が良くて、中にちっちゃい悪魔が棲んでいる。しかもすごく黒いヤツ。「怖いな！」と思う一面が出てしまうと何故か面白くなる……。それは大江アナの偶像があるからなんです。人間の本性は皆、どんな奴でも愛くるしいのです。一方、大橋アナの中に悪魔は棲んでいません。本人が悪魔そのものなので。あっ！　ここカットしといて下さい。

僕は、アナウンサーという存在はテレビに出ている人間なのだから、一人の出演者としてきちんと責任をもった方がいいと考えています。でないと同じ番組で一線級の腕を持った芸人さんと渡り合って認めてもらおうなんて、おこがましいんです。たとえばバラエティ番組で、横にいる芸人さんがエロいことを言ったら、絶対にカメラは女子アナをアップにします。その時に、油断していてはいけない。嫌そうな顔ひとつ作れなかったら、それは出演者とは言えません。そこは、嘘でも嫌がらなければいけない。エロい話にのっかったアナウンサーなんて嫌がられるだけで、そこに対する視聴者の見方はアイドルと一緒です。人気が出ること、知名度が上がることを希望するなら、衣装のひとつでも、肩を出すのか、色をどうするのか、常にこだわってやらないとダメです。そんな風に、僕はアナウンサーに伝えるようにしています。たまに。

テレ東の個人文化

さて、プロデューサーはそんなに大したもんじゃない、と僕自身は思っていますが、プロデューサーが偉いのかどうか、と言えば立場的に偉いことは偉いんです。

テレビ業界において「自分の番組を作りたい」というのは、ほぼプロデューサーになりたい、ということを意味します。そのためにADとして身を粉にして働き、ディレクターになったら自分が満足するVを作り、やがてプロデューサーという地位に上り詰める、というのがこの業界における標準的なすごろくです。

現場も経験してある程度の年次になれば、自分のやりたいことも明確になってくるので、企画書を書く。テレ東の場合、企画書を通したらその人の企画ということで、プロデューサーを任されます。キャリアがすごく浅かったら、先輩のプロデューサーと一緒に担当したり、ディレクターとして参加する場合もありますが、基本はそういうことです。

そしてテレ東には、特にプロデューサーが偉いと感じるような構造が控えているのです。テレビ番組のスタッフは、全員が自社の社員で固められているわけではありません。プロデューサー、ディレクター、ADに局の社員と外部プロダクション（番組制作会社）の社員がほどよく混じり合い、番組を作っていくのが一般的なパターンです。それに対してテレ東にはプロダクションに発注して番組を作っていく文化が結構あります。極端な話、局の社員である担当プロデューサーが一人いて、あとは全員外部のスタッフで、ということも珍しい話ではありません。

悪く言えば、局の中で自主制作する文化が薄い。良いように言えば、プロデューサーが重きを置かれている会社なんです。「この企画はおまえのもんだから、一人でできるだろ?」ということ。

そうなるとどうなるか。Vを作るのは制作会社のディレクターのような、外部の人間になって、プロデューサーは自ずと制作現場から離れていきます。そして「こんなものができました」とディレクターがVを納品する際、「ふんふん」と頷《うなず》けば終わる。もしくは気に入らない時、「直してきて」と言いたいこと全部が言えるんです。

何もしないで何を偉そうに、って思いましたか?

僕はそう思います。

テレビ局はお金の出元なので、番組制作のヒエラルキーで頂点に位置しています。そのため、局のプロデューサー一人に対して残りのスタッフは全員外部という時、権力が一点に集中するわけです。

カッコつけるわけではありませんが、僕はその構造が「そんなに偉いもんかね?」と疑問でした。制作会社に母屋だけ貸している構造がイヤでイヤでしょうがなかった。今でもイヤです。

どうせ苦労するなら、「僕らがこうしたから成功したんだ!」「こうしたから失敗した。じゃあ泣こうか」がないと、つまらない。ただ……一緒に汗をかきたいんです。

でも、プロデューサーはやっぱり番組のトップにいます。会社で言えば社長なんです。偉いんです。だから、絶対にやらなければいけないことがあります。意識してそうでなければならない「重要な役割」があります。それが出来れば、初めてプロデューサーと認めてもらえる。これは人の上に立つ者の資格だと思います。

トップの役割

トップにはいろいろな役目があります。管理、調整、折衝……。テレビ番組を作るプロデューサーもそのような務めをしているわけですが、実は大事な役割は、「分からないと絶対に言わないこと」です。

『やりにげコージー』から『やりすぎコージー』にリニューアルした、その一発目の会議でのこと。それまでトーク中心だった番組が、いろんな企画を織り込む方向になり、笑いだ、企画だ、女の子を入れようだ、これから何をしようか、といろんな意見が出ました。

それまでバラエティ番組を担当していたものの、多くの芸人さん――特に吉本の芸人さんとがっつり仕事するのは初めてだったので、僕は内心「偉そうなことは何も言えないなー」と思っていました。ビクビクしていたんです。

その時、作家さんから「この企画、伊藤さんはどう思います？」と質問を向けられました。いいと言えばいいいし、良くないと言えば良くない企画だったので、「ちょっと分からないんですけど……この企画は……」とお茶を濁した言い方で発言し始めた瞬間、チーフ作家のHさんが会議中に怒り出したのです。

「ちょっと分からないんですけど、じゃねえよ！　プロデューサーが分からないなら、俺達全員分からないから。やめようぜこの会議！」

あまりの剣幕に、その場が凍りついてしまいました。僕も「今、俺すごく怒られてるよね？　プロデューサーってこんなに怒られるんだっけ？」と心の汗がジュワーっと流れ出しました。

その後、Hさんは、怒った理由を説明してくれました。

「僕らは番組を盛り上げよう、そのためならなんでも考えよう、って頑張ってるわけです。だから伊藤さん、『分からない』は絶対言っちゃダメですよ。番組トップのプロデューサーにそう言われたら、僕らはどうしていいか分からなくなる。考えるのをやめよう、となる。分からなくても分からないって言わないでください。迷っているなら『迷ってる』と言ってください。伊藤さんの経験値はまだ低いかもしれないけれど、僕ら作家は自分達の経験値を活かしてあなたをかつぎ上げようとしてるんだから」

全くもってその通りです。番組制作の頭である以上、僕は「分からない」と言うべきではありませんでした。

もし今、僕がディレクターで、プロデューサーにVの制作を頼まれたとします。その時、「ここ、テロップ入れた方がいいですかね？」と質問して、「あーどっちでもいいよ。そこ、どうでもいい部分だから」と言われたら、

「こっちはおまえが呼んだから来て多くの時間を費やしてるんだよ。それを『どうでもいいから』じゃねえだろ!!」

と憤慨するでしょう（内心で）。プロデューサーは番組の社長としてスタッフの運命や生活を握っているのだから、「俺はこうした方がいいと思う。違う意見ある？」と乗っかるか、分からなければ「今は判断できない。アイディア出してくれないか」と言うのが最低限の責任です。

そしてもうひとつ。局のプロデューサーは「有名になること」もひとつの役目だとHさんに言われました。いわく、

「僕らは番組が有名になってほしいんです。そうなったら、僕らは業界内に対して『この番組をやっています』とアピールできるじゃないですか。で、『あいつ、あんな面白い番組を担当してるのか！　さぞ腕のある作家なんだろうな』と認められる。そのためには番組を代表するプロデューサーにはなんでもやってほしい。世の中に対して有名になってもらわないと困るんです」

トップである以上、下の者が困る言動を取ってはいけないし、下の者にとってプラスになることをしなければいけません。

そのことを教えてくれたHさんには感謝しているのですが、たまにHさんが会議で「あ

の、分からないんですけど……」と言っている姿を見て、心の中でモヤモヤしています。

モヤモヤと言えば、こちらの二人。偉そうに色々プロデューサー論を展開してきた僕が、いったいどんなプロデューサーなのか語ってもらいました。恐怖の証言です。

証言2 「伊藤君がいるといないとでは、ムードが違う」

さまぁ～ず 大竹一樹
三村マサカズ

大竹 伊藤君はゴールデンにお笑い番組がない局で、本気のバラエティをやろうと言って、それを実現できる人。プロデューサーもいろんなタイプがいるけど、珍しいタイプだよね。「こういう番組やりたいよね」と言ってるだけだったり、数字が全てだったり、くだらないことだけ追求してたら、数字獲れなくて番組が終わっちゃったり。でも伊藤君はどれでもなくて、ちゃんと実現させている。俺らには「やっちゃっていいです」「大丈夫です」と言って攻撃的にふざけながら、番組の数字を獲ることで対会社の部分もうまくやって、俺達を守ってくれる。だから攻めていて守りもできる男ですね。……この話だけだと、ものすごいカッコいいな（笑）。

三村 まあ確かにそう。攻めの姿勢が常にあって、それも現実味のある攻めだから。夢のような話ではないところを攻めて行くから実現するんじゃない？　頭の中では多少計算しているんだろうけど、自然体で無理くり攻めてない。結構、調整型だと思うんだよな。笑いにはこだわりを持っていても、笑いと会社の思惑をどう融合させるのかを考えていくのがうまい気がする。融通が利くんだよね。

大竹　『モヤさま』で言えば、こだわって笑いに仕上げていくのが演出の株木という尖ったヤツで。

三村　株木を番組からはずさないで俺達とずっと組ませているのは、伊藤Pの目利きの部分だよね。

大竹　あと伊藤君のいいところは、企画の趣旨が変わった経緯とか、そういう番組の「裏事情」を含めてちゃんと説明してくれること。「コンセプトとは違うかもしれないですけど、いったんこの形でやらせてもらっていいですか」とか。その理由も頷けるんで、「じゃあやろうか」とこっちも思う。騙《だま》されて「なんだよ」と思ったり、オンエア見てがっかりすることがない。

三村　今そういうの多いから。ごまかしごまかしやって、フタ開けたらなんだかいろんな事情あった、みたいな。こっちとしては「最初から言ってくれりゃいいじゃん……。やるのに」と思っちゃう。だけど全部の事情を本音で説明してくれるから、「なんでこれやんの？」みたいなムダなやり取りが一切必要ない。番組に関しても何かあると自分の判断でいかないで、いち早く俺らに相談してくれる。今後どういう風に番組の舵取りをしていくか、独断で決めないで大まかな方向性を俺らにも聞いてくれるような気配りもできる。だからワンマン監督ではないな。選手と対話していい方向を考えるタイプ。

大竹　そういう相談、酒の席でするよね。伊藤君とはよく飲みに行くので。

三村　大勢で行って、気がつくと喋《しゃべ》ってる。バカな話をしながら、若干マジメな話もして、「こういうの考えてるんですけど、どう思います？」とぱっと入れてくる。こっちも飲んでいて気軽だから、「いいんじゃない？」って。

大竹　あれって準備してるのかな？　でも準備してるでもいいし、準備してないでもいいし。

三村　こっちとしては決定事項で言われるより、全然気持ちいいからね。

大竹　新しい番組の相談されても、「それ、どんなの？」と聞くよりは「いいんじゃない？」と言えちゃう感じ。

三村　信頼感がある。「伊藤Pがいいならやるよ！」と思える。

大竹　でも酒の席では、しょっちゅう落ち込んでるけど。

三村　「今、凹んでる時期です」って。俺らは、何に凹んでるかよく分からない（笑）。

大竹　「久しぶりに怒りましたよ！」と言ってるわりに、その久しぶりのタイミングが結構短い（笑）。悩んで落ち込んでる時は、最後、「歌わせてもらっていいですか!?」って、伊藤君が歌って終わる。長渕剛の「逆流」だっけ？

三村　自分の応援歌なんだよ。

大竹　二回歌ってる時もあったな（笑）。

三村　相当落ち込んでたんだ（笑）。

＊

大竹　『モヤさま』は番組を作っているチームが特殊なんですよ。普通、バラエティだったらバラエティ、歌だったら歌の班がある。でも『モヤさま』は、それぞれ別のジャンルで活躍しているスタッフを各所から持ってきてる、寄せ集め集団。番組に合わせて呼んだのかもしれないけど、結果、そのチームがすごくいいんだよ。

三村　一緒にやってるスタッフで、不満を抱えている人は少ないんじゃない？

大竹　それこそ技術さんにも声かける人だから、伊藤君はあんまり嫌われないだろうね。「どうだ」と偉そうな感じは全くなく、喋りやすい。人気者で、現場にも来て、ムードメーカーになる……褒めすぎかもしれないけど。でもいるといないじゃムードが違うんだよね、あの男は。

三村　プロデューサーがいなくても現場は回るけどさ、ずっと来ないと「この番組こういう扱いなんだ」と思っちゃうから。

大竹　だから、いた方がいいんだよ。現場で起きた事件から新しく発展していく遊びがあったりするわけで、それを一緒に体感できた方がいいもんね。伊藤君はそれを理解してるんじゃないかな。

三村　ただし現場での主な仕事は、ブログ用に大江アナの写真を撮ってるだけ（笑）。

大竹　後は電話で他の仕事してる（笑）。でも『モヤさま』も、すごい番組だと思うよ。

普通はテコ入れや企画変更があるのに、一回目の放送からほぼ変わらず来ているというのは。

三村　一回目ねえ。朝早くて二日酔いで……。

大竹　年末のものすごい忙しい日で、ロケ出たら街も死んでて（笑）。すごい評判良かったわりに、俺ら的に手ごたえはそんななかった。

三村　それが収録中、神が何回か降りたんだよね。自動販売機で、ずっと面白い商品が出たり。

大竹　偶然が重なって面白くなったんだよ。

三村　伊藤Pも嬉しい誤算だったんじゃないの?

大竹　とりあえずやってみただけで、絶対計算できてなかったと思う。そこまで伊藤君をスターにはしない（笑）。

三村　そこは俺らが止めます（笑）。

大竹　でも結果的に、それが俺らのスタイルでもあって、うまくはまったんだけどね。

三村　ただ一緒に楽しんで番組を作るスタイルがずっとできてるんで、俺はいいなあと思ってるよ。楽しめてるから『モヤさま』が仕事だとは考えてなくて。

大竹　ロケで笑って帰って、オンエア見て楽しくて、スタッフと酒飲みに一緒に行くという番組って、めったにないもんな。

三村　そう考えるとこんなにべったり一緒にいるから、俺と大竹の性格をほぼ分析できてるんじゃないの？　大体の人が五～六割で終わる中、八～九割把握してる気がする。

大竹　友達感覚で接してるしね。

三村　そういうところが番組が成功してる秘訣《ひけつ》なんじゃないかなあ。でも伊藤P、たまにテレビ出て俺らとからむと……普段の方がからみうまいんだよね。

大竹　それはしょうがないだろ（笑）。出ることに関しては素人なんだから。

三村　微妙に緊張しているのを、俺はすごい楽しみにしてるんだよ。

伊藤Ｐを漢字１字で表すと……

第三章　企画の考え方

企画はひとつのタイトルから

「企画書を書く時、最初に何を考えるんですか？」と聞かれることがあります。

僕の場合、非常にシンプルです。まず最初は「これを見てみたい」と思うタイトルや一枚の画しか浮かびません。そういう〝核〟の部分を先に見つけないと、その先の発想ができないんです。

たとえばテレビ東京が得意としているバラエティのジャンルに「大食い」があります。この「大食い」というキーワードを何度も聞いていると、次第に「小食い」の存在が気になってきます。

「大食いバラエティ」という言葉は存在しますが、「小食いバラエティ」は聞いたことがない。大食いばかりもてはやされるこの世の中で、小食の人はどう思ってるんでしょうか。

この時点では、そこらへんの人が言っている冗談レベルに過ぎません。でもここからなんです、企画を考えるのは。「それではどうやったら成立するか？」「こんなことしたら笑えるな」を膨らまして考えていくんです。

大食いを一緒に呼んで対比させるのか。目の前に出すご馳走《ちそう》は多い方がいいのか少ない方がいいのか。食べ物の好き嫌いを掘り下げるのか……。

つまり、ぱっと思いついたタイトル「小食いバラエティ」が魅力的だったので、それを謳《うた》いたいがために、必要な企画を肉付けしていくのです。

そのやり方は昔から同じでした。僕がプロデューサーとして初めて取り組んだ『人妻温泉』も、タイトルから発想した企画です。

当時、水商売で人妻クラブの店が注目されたりと、小さな〝人妻ブーム〟がありました。僕自身、特別な関心はなかったのですが、一緒に仕事をしている作家さんがやたら熟女好きで、熱心に人妻の話をしていたのです。

それを僕は「この人、気持ち悪いな。でも何か気になるな」と思いながら聞いていました。

それで「人妻」が何かに使えないか、考えてみました。番組タイトルに「人妻」がついていたら、目を惹きそうです。でも「人妻」はテレ東らしくない響きでもある（そもそもバラエティ番組らしくありませんが）。

それでは「人妻」がテレ東らしくないのであれば、テレ東らしいものを足せば成立するんじゃないか。テレ東らしさってなんだろう。うちと言えば旅番組がメイン。旅、旅情、旅館、温泉……。

そうやって考えているうち、『人妻温泉』という言葉に行き着きました。なんだかワクワクする響きです。僕はこの組み合わせが気に入って、それから内容を考えました。

「人妻温泉」のワードを聞いた視聴者は、人妻がいっぱい入っている混浴の温泉なのかな、それとも人妻と温泉に行く企画なのかな、と想像するに違いありません。確かにそれはそれで需要がありそうですが、あまりにしっぽりしていて、笑って見るバラエティとしてはくだらなさに欠けています。

だから「温泉」と言いつつ、ただの家風呂に入ることにしました。さらに人妻は湯船に浸かりません。悩める男達が主人のいない間にやって来て、身の上話をしながら人妻に背中を流してもらうだけの企画です。

こうして内容だけ説明していると、一体なんの番組なんだと思わざるをえません。でも『人妻温泉』という明確なタイトルがあることで、「確かに人妻は出てくるし、風呂だから温泉感はあるな」と笑って納得してもらえるのです。バカらしい……と。

核になるポイントは一つだけ

『人妻温泉』はタイトルからでしたが、『モヤモヤさまぁ～ず2』は一枚の画から発想した番組でした。

かつて僕がプロデュースしていた『怒りオヤジ』という番組が、さまざまな事情から終了することになりました。そこにはさまぁ～ずにも出てもらっていて、また一緒に番組がやりたかった僕は、「企画を考えて持って行きたいんですけど、何かやりたいことありますか？」と聞いたのです。

そこで大竹さんから返ってきた答えが、これでした。

「やりたいこと？　歩きてーかな！」

歩く？　さまぁ～ずが歩く番組……？　徒歩バラエティ……？

僕の中に、商店街を歩いているさまぁ～ずの画が浮かびました。

素人のイヤなおじさんが突然出てきたら二人でイヤな顔をして、逃げようとする大竹さん。それを「逃げんじゃねえよ！」と制している三村さん。非常に〝らしい〟光景で、これぞ「ザ・さまぁ～ず」と言ってもいい。

そうやってまとめたのが、『モヤさま』の原型にあたる『ちんちんさまぁ～ず』でした。さまぁ～ずにチンチン電車の格好をしてもらって、商店街を歩いてもらうのです。運転士は大竹さん、車掌は三村さん。一本のロープで電車の体を作り、チンチン！とたまに叫びながら商店街を歩く。気が向けば八百屋さんやお肉屋さんがお客さんで乗ってくる。

この企画は「チンチンって響きはどうなんだ」「実際問題、移動しにくい」などの理由でボツになりましたが、二人に商店街を歩かせたいという核は残したまま、企画を練り直しました。そして紆《う》余《よ》曲《きょく》折《せつ》ありながら、本人達と「モヤモヤ」というワードを作って、『モヤモヤさまぁ～ず2』に至ったわけです。

振り返れば、さまぁ～ずを主体に考えた時、ぱっと街を歩いている映像が、「あ、これ正解だな」と素直に思えました。僕は必ず、そういう企画の一番の核になる部分を一個決めておきます。極端に言えば、その時点で企画自体は完成するのです。

それは別に画でなくてもいいんです。一行だけのコンセプトかもしれないし、タイトルかもしれないし、最終的な着地点かもしれない。でも軸なり、方針なり、ここが大事と決めるプライオリティは一個だけ。発想する時、よく自分の心に耳を傾けてみると、本当に曲げられないものは、最終的にひとつに絞られるのではないでしょうか。

企画書で伝えたいことなんて、究極的には一行一五文字ぐらいで収まります。結局それだけじゃ足りないので言葉を足して説明していくわけですが、軸がいくつもあると主張したいことがぶれてくる。中心に核が一個あって、楽しめるポイントがたくさん派生するのが基本だと思います。

核にたどり着くための手法は後から考えたらいいんです。たとえば最初に「さまぁ〜ずが街を歩く」画を決めたとします。それを正面から撮るか、後ろから撮るかというのも大事な問題ですが、そんなことをいくつも考えてたら、一〇年二〇年平気で過ぎていきます。

それに核を一個だけ決めておくと、プレゼンやものを伝える時、「ここが重要です」とはずせない本質から喋るようになって、相手にもよく伝わります。また全部が核に返ってくるように考えた方が、答えに近づくのではないでしょうか。「絶対これ!」と言い切っていれば、間違えていた時、早く失敗に気づきますし。

上司に言われて曲がることなんていっぱいあります。でもその一個を持っていなければ、本気でぶつかることもなければ、葛藤《かっとう》することもない。文句を言われた挙句、「怒られました〜。じゃあ別の企画にします」でフラフラして何も定まらないのが世の常です。後悔したくないなら核を一個決めて、そこにしがみついた方がいいのではないでしょうか。

自分の核は一つ。

正直になればいい。

だけど、結構恥ずかしいです。

なぜなら、ごまかして自分を大きく見せるのも人間の習性だから。

タイトルに全てを詰め込む

タイトルは番組にとっての命であり、全てを表す看板です。番組をタイトルから考えることはよくあります。

しかしすごく大事に考えているわりに、周りから「ふざけてるだけじゃないのか」と言われることもあります。

たとえば『怒りオヤジ3』は、『2』がありません。『怒りオヤジ』の後、いきなり『怒りオヤジ3』なのです。

『モヤさま』も正式なタイトルは『モヤモヤさまぁ～ず2』です。途中で見始めた人から「『モヤモヤさまぁ～ず1』はどんな内容だったんですか？」と聞かれるのですが、これも『1』は存在しません。番組が始まったその時点で、『モヤモヤさまぁ～ず2』でした。

どうしてこんな歯抜けになっているかというと、タイトルに『2』や『3』をつけると、『スター・ウォーズ』しかり『ロッキー』しかり、人気があって続いてる雰囲気がしますよね。視聴者も「3まであるって人気あるのかな。見てみようかな」と思うのでは？　という願望で命名しました。

……と普段は説明しているのですが、実はもうひとつの理由があります。

昔、深夜にさまぁ～ず司会で『怒りオヤジ』という番組をやっていました。それをレギュラーで本格的にやろうとなった時、金曜の深夜一時の時間帯から、木曜二四時一二分の四〇分枠に移行する話になったんです。

ところがその裏でさまぁ～ずが出演している番組が放送されていました。正確に言うと、裏ではありません。その番組は二四時七分に終わるので、数分後に『怒りオヤジ』が始まることになります。

テレビ業界の常識として、同じ時間にタレントが別の局で番組に出演することはNGです。しかしこの場合、数分のタイムラグがあるから、問題なし。しかもこちらは後の放送なので、その番組に迷惑をかける可能性はほとんどないと言ってよいでしょう。

しかしその番組を放送していた某局は快く思わなかったようで、「番組がナイター中継で押したり（時間帯が後ろにずれる）、拡大したらどうするんだ？」と苦情が来ました。しょうがないので押したらこっちは休みます、と提案したのですが、某局はそれも認めないという返事でした。

これはどう考えてもおかしい。休むなんて譲歩は普通しないし、こっちにしてみれば裏ではないのだから勝手な言いがかりです。要は番組が始まること自体が気に食わないということ。僕はその局とケンカしようとしたのですが、結局、いろいろな事情を飲み込んで、さまぁ～ず司会の『怒りオヤジ』は放送をあきらめざるをえませんでした。

僕はあまりにも悔しくて悔しくて、その後、某局の近くで飲んでいた時、社屋におしっこをかけに行った……ことはさすがにないように思います。確か朝六時ぐらいの明るくなる前、人気がない頃を見計らって「畜生！」とおしっこをかけたら、後でそこは某局の敷地ではないと知って反省した……夢を見ました。

でも企画としてはやりたいから、ＭＣ（番組の司会進行をする人）をおぎやはぎの矢作さんとカンニング竹山さんに変更して、再出発することになりました。番組名は『怒りオヤジ3』。本当なら『怒りオヤジ2』ですが、『2』はさまぁ～ずの欠番として残しておきたいという裏の気持ちがあったので、『3』なのです。さまぁ～ずにはいつか戻ってきてもらいたいなという思いをこめて、二人には手書きのロゴと掛け軸みたいなものも書いてもらいました。

その後に企画したのが『モヤさま』でした。『モヤさま』が2から始まっているのは、『怒りオヤジ』の欠番を受け継いでるからなんです。

これはさまぁ～ずと僕の中のことだから、番組のファンにはあんまり言わないし、スタッフも知らないかもしれません。

別にこれはいい話でもなんでもなくて、誰かに伝わらないことを一人よがりで遊んでいるだけのことです。でも罪悪感もない。タイトルは番組の全てを表す以上、なるべくいろんなものを詰め込みたい。だからそこにタレントとの関係値であったり、僕にとって大事なことを盛り込むこともあるのです。

だからもしメインのタレントだけが「ああ、そのことね」と思うことであっても、絶対入れた方がいい、というのが僕の解釈。そこに遊びがあろうが、思いがあろうが、看板は制作者にとって意味があるべきものです。もし読者の皆さんが開発に携わっていたら商品名に、自営業だったら屋号に、通じる通じないはさておいて、全てを詰め込む気持ちで命名してはいかがでしょうか?

結果として『モヤさま2』に『1』がないことを知った視聴者に、「何それ。バカじゃないの?」と思われてもいいし、「じゃあ『モヤさま1』も見てみたいよね」という期待に発展させてもらっても、僕としては嬉しい。ここだけの話、どこかで『モヤさま1』を作ろうかなとも思っていますので。

企画は何をしてもいい

僕が入社して最初に配属されたのは、編成部でした。

編成は直接番組を制作する部署ではないのですが、企画書を書くかどうかは自由でした。テレビ東京は他の民放と違い、ゴールデンの枠が空いたりすると、職種に関係なく全社員から企画書を募る文化があったのです。

企画書を意識するようになったのは、テレビ東京に入社し、編成部に配属されたその日のことです。「飲みに行くぞ」と上司に言われて、朝五時まで飲みました。その間、上司はずーっと企画の話をしていました。

「おまえら、企画書を書いてこい。企画書は億の金を生むんだ」

「なんでですか？」

「そんなことも分からないのか？　もし番組が決まった場合は、制作費もろもろで年間にすると億の金が動く。だから企画書ひとつをバカにしちゃいけないんだ」

ちなみにその日家に帰ったのは朝六時。僕は配属二日目にして寝坊で遅刻。その時の言い訳は「天井から水が漏れてきた」です。物理的に痛い思いをしました。

企画書の話に戻ります。その話が頭に残っていて、僕はヒマを見つけては、せっせと企画書を書くようになりました。当時はワープロが普及していましたが、自分の家になかったので、基本、手書きでした。

最初に通った企画は今でもよく覚えています。その時は九月のゴールデンの枠が空いているから考えろ、と全社的に話がありました。季節は秋。秋と言えば食欲の秋。ということはごはんの企画だよね。ごはんを美味《おい》しそうに食べる人を映したら面白いんじゃないかな……。そう考えて、『三匹の子豚』という企画を思いついたのです。

これは僕自身の体験が企画へと結びついたものでした。高校の時、駅前のコンビニエンスストアみたいな食料品店の前で、アイスやらお菓子やらを友達とよく買い食いしていたんです。するとある時、クラスに一人はいる太っちょの子が、当時人気だった袋入りのインスタントラーメンを買ってきました。お湯をかけるカップのタイプではありません。

「どうするのかな?」と思って眺めていたら、袋を開けるや乾燥麵《めん》に粉末の粉をかけて、「最高だよね!」とバリバリ食べ始めたのです。しかも二袋。真似して食べてみたら、確かに美味しいは美味しかった。

その記憶が強烈に残っていて、食べる企画を考える際、太っちょとB級グルメがつながるなと思いました。あの時のように、理解を超えた太っちょなりの食い方があるんじゃないか。しかもおデブちゃんが食べている時、すごく美味しそうで、すごく幸福そうに見える……。要は「おデブちゃんが美味しそうにごはんを食べている」画が見えたわけです。

そうやって作り上げた企画『三匹の子豚』が通りました。その後何度かダメ出しされて書き直した後、タイトルもテレビ東京っぽく『秋の喰《く》いしんぼう大集合』みたいなものになって、放送に至ったわけです。わりあい好評で、特番を三回ぐらいやりました。

それから編成時代にも三回ほど企画が通りました。こう書いてると、まるで「俺って制作外の部署にいながら若くして企画が何度も通ったんだぜ」自慢のように解釈されそうですが、そんなカッコいい話ではありません。下手な鉄砲も数撃てば当たるで、ボツになった企画や「バカじゃねーの」と上司に付き返された企画の方が圧倒的に多いのです。

たとえば最初に出した企画もよく覚えています。その名も『竹中直人のすんごいのね〜』。当時の僕は竹中さんと面識もなかったのに、勝手に名前を利用して心苦しい限りです。

トーンとしては昔、ＮＨＫで放送していた『青年の主張』みたいなもので、一般人が出てきて、自分がいかにすごいかを自慢します。それを竹中さんが「すんごいのね〜」の一言でまとめる。「なにその自慢？　バカじゃないの」と言いたいところを、代わりに全部「すんごいのね〜」のニュアンスで評価する内容です。

企画の核は、「人の自慢話って聞いていられないよね！」ということ。それを思い切ってテレビでバカにしようとしたわけです。その企画を上司に提出すると、「おまえ、こんなので金取れると思ってんの？」と怒られました。企画書は捨てないようにしているので、まだどこかに残っているかもしれません。今やったら面白いと思うんですけれど……。

あと自信満々で提出したわりに不評だったのが、『リストラ人間劇場』。

当時はリストラが問題になっていた時期でした。そこでリストラされた人が会社に対しての思いを語りながら、山に登るんです。そして頂上まで着いて、「バカヤロー」と叫ぶ。こだまが返ってきて、完。

リストラされた人の人生も見えてくるし、普段とは違う環境に置かれることでその人の本心も露わになる。これはいい企画を書いたぞ、と手ごたえを感じていたのですが、上司は「こんな企画、できるわけないでしょ。ていうか誰が見るの？　もっと勉強した方がいいよ。テレビ、見たことある？」と冷たくあしらわれました。

想像するに、その「できるわけないでしょ」にはいろんな意味が含まれていたように思います。まず大きな問題として、リストラした企業が不快に感じたらどうなるのかということ。場合によっては大事なスポンサーを失うかもしれません。それから企画がドキュメンタリーなのか、バラエティなのか、ジャンルが線引きしづらいこと。ジャンルが曖昧《あいまい》だと「こういう番組です」と世間に説明しづらいですから。

スポンサーについては確かに難しい問題かもしれません。ただジャンル分けしにくいのは当たり前と言えば当たり前の話で、僕の中に「ジャンルなんてどうでもいいよな」という思いがあって、この企画を発案したのでした。

当時のテレビ東京には、人間にスポットを当てた『ドキュメンタリー人間劇場』という実に良い番組があったんです。そのある回で、障害者が何を思って生きているかに迫ったドキュメンタリーを放送していました。暗いトーンなのかと思いきや、出てくる人がなんとも明るいんです。

そして番組を締めるオチとして、「人生で一番難しいのはなんですか？」と障害者の方に問いかけたところ、彼はしばらく黙ってボソッと一言………「人かな……」と答えていました。

誤解を恐れずに言うと、僕はそれをすごく面白いと感じました。「人が難しい」って、非常に重い言葉で、おそらく今までの人生で差別された経験などがあって、人間とつきあう難しさを訴えたかったんじゃないかと思います。でも彼のキャラクターやふっきれた感じが微笑《ほほえ》ましくて、僕の中ではそのドキュメンタリーが、バラエティのように見えてきました。あまりに印象深くて、会社の先輩と「あのシーン、すごかったね」と話したものです。

もちろん台本はないので、作り手はバラエティとして撮っているわけではありません。でもドキュメンタリーなのか、バラエティなのか、それは見る人の自由で、企画そのものには垣根がないよな、と感じました。バラエティの体をなしたドキュメンタリーもあるのかもしれない。逆にドキュメンタリーの体をなしたバラエティがあってもいい。テレビに限らず、物事を勝手にジャンル分けすることは、可能性が狭まるだけです。

そういう経験もあって、僕は「ジャンル分けなんてくそくらえ。企画はなんでもやっていいものなんだ」と思っています。だから企画をはねられる時の常套句《じょうとうく》「こんな企画、見たことないよね。前例がないからダメだよ」が大嫌いなんです。憎んでいるとさえ言ってもいい。

どの業種にもそれなりの歴史があって、紳士協定みたいな、形のないルールが形成されています。ただしそのしきたりにとらわれながら進むことが全ての正解ではないはずです。「前例がない」って、業界内の作り手が勝手に決めている前例ですから。

サービスされる相手や商品を買う消費者は、そんな前例なんて知ったこっちゃありません。テレビで言ったら、ルールに従っているから視聴者が番組を受け入れるわけではなく、面白いから見るんです。もし世間から求められるものが誕生して、それまでのルールにそぐわなかったら、ルールを変えていけばいいだけのこと。そうじゃないと革新は生まれません。前例もそうだし、ジャンルやカテゴリーに縛られるのは、その時点で自分の首を絞めていると思うのです。前例、しきたり、ジャンルは壊すためにある、というのが僕の持論です。

と言ってもひたすらアナーキーにやればいいわけでもない。前例やルールは理解して初めて、「なんだよ、この前例？」「このルールは要らなくない？」と言えます。つまり何も知らないでむやみに壊すのではなく、壊すべき時が来たら壊せばいいのではないでしょうか。

だからこの本だって、僕は新書というカテゴリーに縛られたくないのです。「新書ってマジメに書くものと決まってるんですか？　アホなことを新書で書いていいでしょ！」――それを僕の熱いメッセージと取るか、ただの言い訳と取るかは、読者の皆さんに委ねたいと思います。

あ、やっぱりはっきり言います。

これに関しては言い訳です。ごめんなさい。

「くだらない」と言われるためにやり切る

しばらく前から温めている企画があります。

その番組タイトルは、『スコップ野郎Ａチーム』。

若い人にはピンと来ないかもしれませんが、僕が学生の頃に放送していた海外ドラマ

『特攻野郎Aチーム』と非常に似たタイトルです。

田舎に行くと木が鬱蒼《うっそう》と茂ってその中に蔵が見え隠れしている、そこだけ江戸時代が残っているような空間ってありませんか。僕の実家近くにも神主さんが住んでいる屋敷があるのですが、蔵の横で穴を掘ったら絶対何か出てきそうな雰囲気をぷんぷん漂わせています。

それで気になって調べてみたところ、発掘を専門でやっている人より、にわかに挑戦した素人の方が、お宝にめぐり合うヒット率が高いことを知りました。

これはいける、と僕は企画を思いつきました。それが『スコップ野郎Aチーム』です。番組はそういう雰囲気のある場所を勝手に見つけて、土地の持ち主に「ここ、掘っていいですか？」と訊ねるところから始まります。

重機を使うとお金もかかるし近隣に迷惑がかかるので、持って行くのはスコップだけ。そして画面の小窓に小粋なアイドルの歌と映像が流れる中、集団でひたすら掘っていきます。もしかして石油やお宝が出てくるかもしれない、という期待をこめて。

とは言え、簡単にお宝は出てこないでしょう。おそらく貝とかが大量に出てくると思うので、それを最後にちゃんと鑑定します。「今回、何百年前のしじみの破片が一五個出てきました。ではまた来週！」と報告して番組は終わり。

理想としては、テリー伊藤さんが番組の冒頭で「われわれは……今日も穴を掘ります！」と言ってくれたら、なおいい。士気を上げた後は、「じゃあ、後はよろしく」と言ってそそくさと帰って行くんです。

深夜の枠で……いや、もしかしたらゴールデンの時間帯で、三〇分ずっと穴を掘り続けるだけ。穴掘りバカ達の、熱い穴掘りロマンを追求する番組。これは話題になる自信があるので、絶対やりたい。

編成に話をしたら、「おまえのやろうとしてることは分かるよ。でも今はとりあえず静かにしておけ」と諭されたので、後輩の名前を借りて同じ企画を出してみました。すると「おまえ何してんの？」今の空気だと実現することはなさそうです。

『スコップ野郎Aチーム』は一言で言うなら、くだらない企画です。

僕は「くだらない」と言われることに重きを置いている部分があります。なんなら「くだらない」を褒め言葉だとも思っています。

なぜなら中途半端に作った番組は、「これはダメだ」「面白くない」とは言われても、「くだらない」とは言われないからです。

「この企画はくだらなくなりそうだ」と感じるのであれば、やり切る価値はある。そしてやるならば振り切って番組を作り、「くだらない」と評価されなければいけません。

テレ東の深夜は、はっきり言って、こういう有益性のない番組の方がいいと思うんです。他局はいろいろな縛りが多い中、アナーキーなものを唯一やれる局がテレビ東京ですから。

これが成立するのであれば、もっとひどくていいという頭もあります。たとえばテレ東の看板であるゴルフ番組や旅番組を突然深夜に放送してみる。ゴールデンタイムに『いい旅夢気分』があるなら、『いい旅ヤな気分』があってもいい。見終わった後、めちゃくちゃイヤな気分になる番組。これはどうしたって「くだらない」ですよね。

これ……

冗談ではなく、結構本気で考えています。

企画には必ず逃げ場を作る

『やりすぎコージー』は、かつて土曜深夜に放送していました。その時間帯と言えば、テレ東では古くは『ギルガメッシュないと』という賛否両論あるエロ番組を放送していた枠です。そこで当時、『やりすぎ』でも深夜番組らしくエロ企画をやることにしました。

その名も「モンロー祭り」。AV女優を「モンローちゃん」と呼んで、ちょっとエッチなゲームに励んでもらいます。

そこではモンローちゃんに赤裸々なトークをしてもらうコーナーを設けました。コーナータイトルは「お口に出してイッちゃって！」(下品ですね)。このフレーズを、進行の大橋アナに、思いきり叫んでもらったのです。

他にもモンローちゃんが寝ていて、そこに芸人がだんだん近づいていく「ダルマさんが転んだ」的なゲームも作りました。しかし、単に「ダルマさんが転んだ」と言っても普通すぎて面白みに欠けるため、フレーズを「ハマグリが潮吹いた」に変えて（つくづく下品ですね)、これも大橋アナにコールしてもらったのです。

「普段、清潔なイメージで働いているアナウンサーがエッチなことを言う」とやりたい画は浮かんだけれど、それをそのままやるのは難しい。とはいえ別に肌身をさらすわけじゃなく、口に出して言うことです。だからダメなことはないだろうというロジックを持って、すぐにはあきらめず、やり方を考えていった結果がこれでした。

他の番組ではアナウンサーをこのように扱うことがないため、収録中から、もしかしたら上層部から怒られるかもしれないとは思っていました。一部のスタッフも「こんなことやって大丈夫なんですか?」と心配しています。でも僕は「いいんじゃないの?」とうそぶいていました。そう答えておけば、僕も後で引き下がれなくなるからです。

結局、放送後、上層部に呼び出され、「おまえはアナウンサーをなんだと思っているんだ!!」とえらい剣幕で怒られました。言われるままに仕事した大橋アナも怒られて、「私もすっかり穢《よご》れてしまいました……。私の人生、どうなっちゃうんでしょう?」と涙目で嘆かれたことも懐かしい思い出です。

こうして振り返ると、無茶をやって怒られただけのようにも見えますが、この時、僕の中ではひとつのルールを設けていました。それは逃げ場を作っておくことです。

たとえばエロの企画で、本当にエロいことを追求するなら単純に脱げばいい。でもそれだとただのＡＶと変わりません。脱ぐ方も見る方もただいやらしい気持ちになって、逃げ場がなくなってしまう。

だからそこは番組ならではの何かをのせることで、「ただエロいことをやっているわけじゃないですよ」と風穴を開けておくわけです。

ちなみに「モンロー祭り」の別企画では、モンローちゃんに触れたくても触れられないもどかしさを強調するゲームにしてみたり、服の奥にある数字を見て暗算対決するような、ゲームの結果がエロくなる構造にしていました。

これを「こんなエロいことやっていいのか」と指摘された時の言い訳と言うのであれば、その通りです。でも仕事で逃げ場を作るのは、何も恥ずかしいことはありません。

僕はよく自分の仕事を「攻めてるね」「無茶やるね」と評価されることがありますが、攻めるにしても無茶やるにしても、真剣にやるほど、追い込まれることがあります。

仕事で追い込まれない最善の方法は、いつでも逃げ込める〝逃げ場〟を作っておくことです。それは仕事の中に遊びを入れることでもいい。追い詰められた時、「別に命をとられるわけじゃないんだから」と笑って済ませる余裕を持つことは、驚くほど有意義なことです。

ちなみに番組の正義として、「モンロー祭り」は年一回だけやると決めていました。視聴率は良いに違いないから、それを「俺達は普段、視聴率を少しでも上げるために頭を悩ませているけれど、なんだかんだ言ってエロいことをやれば結果がついてくるのか……」とみんなで悲しむことにしたのです。絶対に喜ばないというルール。これも作り手側のひとつの逃げ場ですね。

今はテレ東系列に『おねだりマスカットDX!』というバラエティが誕生したことで、「モンロー祭り」をやるチャンスはありません。残念です……。

役割を果たした後は、遊んでいい

二〇一〇年、「南関東問題」を知らせる番組を作ることになりました。

南関東問題とは、二〇一一年の地デジ化に伴う問題です。地デジを見るには、地デジ対応テレビを買えばいいわけではなく、地デジ対応のUHFアンテナも設置しないといけません。しかしそのことを知らないマンションのオーナーさんが意外に多いのです。UHFアンテナの普及率は当時、北海道九八%、近畿九九%とも言われていました。しかし東京都、神奈川県、埼玉県、千葉県の南関東に限っては普及率が四〇%台と圧倒的に低かった。それに気づいてもらうのが、民放にとって喫緊の課題だったのです。

そして、番組ではUHFアンテナの設置を呼びかけるのと同時に、「一二チャンネルは地デジ化に伴い、七チャンネルに変わる」ことも、視聴者に伝えたい隠れテーマでした。

番組を作れと局から命を受けて、用意された時間帯は平日深夜。それも三日連続で。

僕は「この時間帯にやっても……意味ないのでは……」と思いました。

と言うのも深夜にテレ東を見ているようなテレビ好きは、すでに地デジ対応のアンテナを設置しているか、放っておいても設置するからです。もしマンションのオーナーがアンテナを換えていないことが問題であれば、その人達に見せなければ意味がない。だから僕はその高年齢層に人気の『いい旅夢気分』を使って、告知するべきだと考えました。

しかし総務省からの「南関東問題を知らせる番組を放送してくれ」というお達しはおそらく各局にあったのですが、その時、民放はまだどこも番組にしていなかったのです。そうなると時間帯への不満はさておき、「じゃあ、先にやっちゃう?」という気持ちにテレ東はなっちゃうわけです。

僕は番組に取り組むことにしました。

ただし「南関東問題を知らせなくちゃいけない」という使命感は、ほとんどありません(上層部のみなさん、すいません)。

テレ東深夜の視聴者は、南関東問題なんてクソ真面目なテーマに対してそれほど興味がないんです。ベースは面白く遊んで、たまたま見た人がバラエティとして楽しんでくれればそれでいい。だからバラエティの手法で説明くさくなく問題に触れて、ある意味ふざけた形で目的を達成しようと決めたのです。

要はベストセラーになった『もし高校野球の女子マネージャーがドラッカーの『マネジメント』を読んだら』と同じ理屈です。「ドラッカーって聞いたことあるけど難しそう……。そもそもマネジメントって何?」という人にも、舞台を高校の野球部にしたことで、一気にドラッカーが生き物になりました。難しいことはいっそハードルを下げて、遊んでしまった方が伝わりやすいのです。

番組の主演に起用したのは次長課長の河本さん。彼が局の地デジキャンペーンボーイに任命されます。そこでテレ東の島田社長自ら南関東問題の概要を説明しますが、河本さんは「分からない。頭に入ってこない」と理解できません。さらに『カンブリア宮殿』の村上龍さん、大橋アナを見つけて説明してもらっても、首をひねるばかり。

最終的にサッカー解説者の前園真聖さんが、地デジをサッカーに見立てて、「アンテナには受信できるものとできないものがある。サッカーで言うならば、パスが受けられるアンテナとパスが受けられないアンテナがあるんです」というなんだかよく分からないたとえをすると、河本さんは「なるほど！」と突然理解する。視聴者は南関東問題が死んでも頭に入ってこない河本さんのコントを延々見せられるわけです。

この第一夜によって南関東問題を告知するという役目は果たしました。そこで第二夜からは、新たな展開に入ります。

「テレ東の経営が危ない」という噂《うわさ》を聞いた河本さんが、社員や出演者から善意でお金を集めます。それを元手に何とかテレビ東京のために有効に使おうと。目標金額は二〇〇〇万円。外観を金ピカにして、見える部分をまずは華やかにするプラン。しかし、集まった募金は三〇万円。これではテレ東が危ない。そこで再度島田社長のもとを訪ね、どうしたらいいかを聞きに行った河本さんに社長は思わず「河本君、こういうことは金額じゃない。熱い気持ち、つまり熱いソウルみたいなものが大切なんだよ。熱いソウルが」それを聞いた河本さんは、何を思ったか韓国のソウルへ。カジノで再建のための資金稼ぎとして一発勝負。すると、善意のお金は一瞬にして消えてなくなりました。河本さんはほぼ失神。悲劇のドキュメントバラエティが完成しました。

他局の人からは「夜中に放送していたからつい見ちゃったよ。で、あれ何の番組だったの？」と言われました。

地デジとはなんの関係もないように見えたようですが、韓国のカジノではひたすら「七」に張って、「七チャンネル」をアピールしていました。この番組では「テレ東の地デジは七チャンネル」というその一点だけが伝われば、後はどう遊んでもよかったのです。

課題を与えられた時、必ずしも真正面から取り組んで、相手の要求に満額回答する必要はありません。求められている核を探す。そしてその部分をはずさない——僕らはよく「芯を食う」と表現しますが——そうすれば、後は自分の得意分野の中で、自由度を広げて視聴者に向かえばいいいと思っています。

放送後、マンションのオーナーから「アンテナをかえていないことに気づいた！」という声を何件か頂いたそうです。お堅い告知番組にせず、遊んだからこそ伝わったんじゃないかと、僕は都合良く解釈しています。都合良く。

『モヤさま』の作り方

このように入社以来、いろいろな企画を練ってきましたが、現時点で僕の代表的番組と言われているのが『モヤモヤさまぁ～ず2』です。

さてこの『モヤさま』、熱心なファンが多く、好きすぎるゆえなのか、「伊藤さん、『モヤさま』に台本はあるんですか、ないんですか？」と聞かれることがあります。

これはあるとも言えるし、ないとも言えます。さまぁ～ずが街をひたすらブラブラするコンセプトなので、本来は何もする必要はありませんが、この街はどんな街か、どんな店があるかはスタッフが事前にリサーチしています。映してほしくない人もいるだろうし、映してはいけない人もいるだろうし、そこはテレビなので、全くの手ぶらというわけではありません。

ただ「こんなのがありますよ」という打ち合わせはしても、さまぁ〜ずの二人は見事に忘れてくれるんで、結果的にノープランなんです。

たとえばある回で、銀座の吹矢協会に行きました。看板を見つけたさまぁ〜ずが「吹き矢は体にいいと思うな」とだらだら喋っている中、大江アナがいきなりインターホンのピンポンを押してしまう。それにあわてて三村さんが「入っていいですか？」とインターホンに向かって話しかけました。普通の状態で話せば音も映像も拾ってくれるインターホンなのですが、三村さんはあろうことかスピーカーに顔を近づけていたのです。

そのくだりはスタッフが誰も想定していない、一〇〇%、三人の世界です。普通だったら番組的に、建物に入る部分は重要ではないので一五秒で入れるのに、それを三分にしてしまう面白さ。

もし入り方をこっちが指定したら、その瞬間、さまぁ〜ずは冷めてしまうでしょう。もしくは「やればいいんでしょ？」と、ムッとすると思います。

なので筋道はあっても、番組の本編になっているのはほとんど用意されてないことです。

放送では彼らがわれわれの準備をエサにして、遊び切っているからあんな新鮮な感じが生まれているのです。本番がスタッフの予想を超えていくのが、『モヤさま』の魅力と言っていいでしょう。

イメージとして『モヤさま』はスタッフの準備した部分が半分、想定外が半分でできていますが、ほぼ一〇〇%お任せで挑んだ回があります。それが初回の北新宿です。

さまぁ～ずと番組をやりたいという思いはずっとあって、正月の九〇分枠をもらえたから「どうしようかな」と企画を練りました。それで一回だけ打ち合わせをしたんです。会うのは『怒りオヤジ』以来で「おお、久しぶり」と覚えていてくれたことが、まず嬉しかった。

そこで『ちんちんさまぁ～ず』の企画書を見せます。目を通したさまぁ～ずは「なるほどね……」と頷き、一言つけくわえました。

「これ相当きついね!」

打ち合わせで決まったのは、大体、以下のようなことです。二人が行ったことのないところへ行って、街がボケているところにつっ込んでほしい。こちらとしては、ある程度モヤモヤしていることを用意する。二人とも下町出身だから最初からその界隈に行くのはやめる。そして、面白いに越したことはない。

たぶん面白くなるだろうという予想はありました。しかし確実に面白くなるという勝算はありませんでした。

ロケ当日、一二月二八日だから店はほとんど開いておらず、街が死んでいます。スタッフとさまぁ〜ずの心の中によぎるのは不安ばかりです。

「九〇分の尺（番組の放送時間）を埋めなくちゃいけないんで、お願いします。お二人にかかってます」

「無責任すぎるよ！」

そんなやり取りをしながら、寒いので手袋だけ渡して、街に出てもらいました。下調べしていると言っても、「ここにクリーニング屋があって、おばあちゃんがいます」程度ですから、どう転がるか分かりません。二人は「本当に大丈夫か？　あることないことを広げて、笑いにしていかないとやべーぞ」という表情をしていました。

しかし予想は大きく裏切られたのです。いい意味で。

この日は何度も予想以上のことが起きました。まず天気が最高。ベスト・オブ・曇り。オープニングからビルの影で曇って、実にモヤモヤしている感じになったのです。その後次第に晴れてきて、街角に設置されていた一〇〇〇円の自販機に挑戦すると、これが聞いたこともないブランドの財布やライトで光るサングラスといった面白いものばかり出てきた。何回もやりたいぐらい楽しくなって、商品がドンッと出てきては「面白え！」と騒いでたら、一体どういうことなのか、販売機から一〇〇〇円が戻ってきたんです。あれは奇跡でした。そんなことを一個ずつやっていくうち、さまぁ〜ずの二人は「こうやればいいんだ」ってつかんでいったんだと思います。ただ実際には、ロケが終わった時は、結局どうだったかは全く分からない空気になりましたけれど。

また撮影が一二月二八日で、一月三日に放送というあわただしいスケジュールだったのですが、年末年始にわざわざナレーターを呼ぶのも申し訳ないから、機械で音を入れようということになりました。それでたまたま調べたら音声合成ソフトが見つかって、今でも『モヤさま』で使われている通称・ショウ君の、なんとも味のあるナレーションが生まれたのです。

今振り返れば、よく成立したなと思います。ほとんど何もないところにさまぁ〜ずと大江アナが放流されて、笑い溢《あふ》れる番組になったことが奇跡でした。神が降りるってこういうことを言うのかと。あの成功があるから、今の『モヤさま』があるのです。

企画の本分を殺すな

新番組はどうやってできるのか。まず「これだ！」と企画を思いつく。プレゼンしたら非常に好評。企画が通ります。

そして会議を繰り返し、企画を詰め、キャスティングも難航し、嬉しいこと悲しいこと、いろんなことを経て放送に至ります。そんな手間隙《てまひま》かけて作り出した番組の初回の視聴率は……。

そうやって蓋《ふた》を開けた時、想像もしなかった数字が待ち受けていることがあります。テレビ業界で「想像もしなかった数字」とは大体の場合、「想像もしなかったほど、悪い数字」ということです。あわてて一度開けた蓋を閉めようとしますが、もう過去に戻ることはできません。

こういう時、番組の責任者であるプロデューサーは、針の筵《むしろ》の上に座らされた心境になります。それも当たり前の話で、自分が「これは面白い！」と思って堂々と世に問うた番組が、世間の支持を数値で示す視聴率という結果によって、全面的に否定されたわけですから。

そのまましばらく続けて数字が上向く気配がないと、プロデューサーは番組の方向転換を提案します。それまでやっていなかったクイズを始めたり、芸人のネタを見せる内容だったのがトーク中心になったり……。よくある話です。

顰蹙《ひんしゅく》を買うことを承知で、僕は言いたい。

「何してんの？」と（ああ、顰蹙を買ってしまいました）。

全ての企画には、「こうしたい」で始めた本分があると思います。番組を作るのは、その本分が世間に認められるか認められないかという勝負。ダメだったら負けを認めて、番組を終わらせればいいだけの話なんです。

ところがそれを握りつぶし、番組の支柱をガチャガチャいじって、何％か数字が上がってホクホクしている。「何それ。どこか別の業界に行けばいいのに！」と僕は心の中で呟いてしまいます。

僕は、この部分に関してはテレビ東京に甘えさせてもらっています。視聴率が悪かったら、「なんとか対応しろ」とは当然言われますが、ただ「こういう方がいいよね」という延長で、最後まである程度任せてくれる。一八〇度企画を変えろとは言われません。企画に対して愛がある局なんです。

これはテレビに限った話ではないと思います。頭をひねって勝負した企画が通用しなかったら、もうあきらめて次へ行くしかない。企画を捨てることは失礼には当たりません。死に体を無理やり延命させて、本分を握りつぶす方が、企画にとって何よりも有害なのです。

延命するだけの目的で、自分が思っていないことを適当に提案したら、周りは「なんだこいつは」と感じるだろうし、そういう節操のない人が成功するとは僕には思えません。根本的なことを失ったらその人は全部失うと思います。

これは言わば「初志貫徹」……と言うより、僕の中では「脚下照顧《きやっかしょうこ》」に近い気がします。

あまり耳にしない四字熟語でしょうか。ずっと親父に言われていた言葉で、音と意味だけが残り、僕も漢字は最近まで知りませんでした。自分の足元をよく見て、自分のことをよく反省しなさい、という意味の言葉です。

四〇代も近づいて、足元を見るのが大事という思いがどんどん強まってきました。変わっていくのはいいとしても、自分なりの「ここにいます」「これをやりたい」が客観視できていないと何事も失敗すると思います。浮き足立ったり、軸足がぶらんぶらんしている人は、一瞬いい結果を出しても着陸できないし、次の一歩も踏み出せないんじゃないでしょうか。

軸足がある中でやることであれば、それなりの言葉、それなりの説明になって、周りを巻き込むことができるはずです。そういう意味での「脚下照顧」。自分の足元がどこにあるかを確かめながら、やりたいことを貫く。ダメだったらすぐ退却しましょう。

またもや読者の皆様をモヤモヤさせてしまいますが……。

逆に言えば、僕は常にフラフラしてます。

だから、自分を客観視することを意識するんです。

「脚下照顧」なんて言うんです。

そんな僕を時に恐い目で監視してくれている恐い、あ……間違えた、強い女性がいます。勝手ながら、話をしていると不思議と自分を確認できる、謎の機能を持った後輩です。彼女のイメージは「超特急」です。

証言3「伊藤さんが作る『テレ東初』」

テレビ東京アナウンサー　大橋未歩

伊藤さんの仕事からは「野村再生工場」（かつて他球団で芽の出なかった選手を活躍させた野村克也監督が為した仕事の異名）を連想することがあります。アナウンサーの抜擢という面では、本当にいつもターニングポイントとなる番組に起用してくれるんですよ。あれは入社二年目の時。ふらっと伊藤さんがアナウンス室に入ってきたんです。私はまだ会社全体のことが見えない年次で、伊藤さんのことは全く知りませんでした。だから「目つきの悪い人だなー。怖い人が入ってきたなー」と思っていたら、シフト表を見て、「君が大橋さん？　あ、そう」で帰っていった。なんなんだろう？　と思っていたら、その後、『やりすぎコージー』のロケものの進行役で呼ばれたんです。関西出身の私にとって、『やりすぎ』の出演者は神なんですよ。それを知ってか知らずか、それまでスポーツしか担当したことのない私をいきなり抜擢してくれたんです。

それから『やりすぎ』のレギュラーになって、雪だるま式に特番の仕事が増えて、いろんな方に認知していただけるようになりました。周りの環境もすごく変わったし、自分自身も成長できたと思ってます。

そんな伊藤さんの適材適所に抜擢する力や、人を見抜く能力がすごいなと思うんですよ。私以外では『モヤさま』の大江麻理子さんもそうですし、伊藤Pの番組でミューズ的なポジションを与えられると、キャリアが右肩上がりになることが多いんです。ちょっとウディ・アレンみたいですよね。だから私はひそかに、次はどこの後輩が？　と思って見ています。

ただ何を思って抜擢するか、分からないんです。私を『やりすぎ』に使ってくれた理由も全然説明してくれません。いつか知りたいんですけれど。

仕事をしていて、そのバランス感覚もすごいと思いますね。第一線にいる人の熱さ、優しさ、きびしさを究極のバランスで持っている。

私、会社では弱音を吐かないようにしてるんですが、伊藤さんのことは戦友だと思っているんで、昔、「もうダメです」とメールしたことがあるんです。それは自分で企画書を出したプロジェクトが、頓挫《とんざ》したんですよ。会社のお金も使っていましたし、周りの方も巻き込んでいたので、いろんな方に迷惑をかけることになって……。

そうしたら伊藤さんから「誰でもパイオニアはつらい思いをするんだ」という励ましのメールが届きました。それでもう一度「私の気持ちはエゴだったんですかね？」とメールを送ったら、「エゴなんて軽いもんじゃない。それはテレビマンの原動力なんだ。エゴがないからテレビ東京は弱いんだ」という返事が……。あれは泣きましたねえ。罪悪感で自分を責めていたんですが、自分のやったことは間違いではなくて、第一歩だったんだという風に思えたんです。

それに要所要所で締めるきびしさもあります。『やりすぎ』で言うと、あの番組は制作会社と局のディレクターが入っていて、制作会社の主導ではあるんです。それに対して社員が局制作のVTRを作りたいと思っている状況で、伊藤さんは「だったらおまえらは制作会社よりいいものを作れるのか？　心の中に不満やくすぶりがあるなら、そいつらを超えてから言えよ」とおっしゃっていて。あれは伊藤さんなりの下の育て方なんでしょうね。

でもすごく熱いのに、それを出すところと出さないところの按配《あんばい》も絶妙。『やりすぎ』の収録現場にもふらーっと現れて、笑って、気がついたら観客席に座ってますから。現場スタッフに対して「自由にやって下さい」という空気を作ってくれるんです。現場ではプロデューサーが熱さを見せすぎると下が圧迫感を感じるって分かっているんじゃないですか。それに結構偉いプロデューサーなのに、飲みに行くと部下に「だからダメなんだよ」といじられたりしてるんですよね。ああやって自分を大きく見せないのは、懐が深いなーと思います。

＊

私の入社当時は『ＡＳＡＹＡＮ』が終わった時期で、テレ東に若い人が見る番組がなかったんです。私は同世代がテレ東を見てくれないのがすごく悔しくて、バラエティの中のバラエティをすごくやりたかった。そこでテレ東を若者に浸透させるという大きなやりがいを、『やりすぎ』で与えてくれたのが伊藤さんでしたね。

でも当時はバラエティの文化が途切れていたテレ東で、あの番組をやるのは相当イバラの道だったと思うんですよ。そこを攻めたのもすごいなあと。一見痩《や》せていて草食系男子に見えるのに、心根はむちゃくちゃ肉食系ですから。自分が責任を取るという覚悟も持っていますし。

そう考えると、バラエティの文化を創ったし、『モヤさま』では放送中に出演者が沈黙する「沈黙の文化（笑）」を創ったたし、伊藤さんっていつも文化を創りますね。伊藤さんのチームは一番組に留まらないムーブメントを作るから、ついていきたくなるんです。『やりすぎ』も月9で民放一位の視聴率を獲れたんですけれど、伊藤さんといると、そういうテレ東で初の瞬間に立ち会える。出る杭《くい》は打たれる部分はあっても、振り向かざるをえないというか。

私がテレ東にい続けようと思ったのは、伊藤さんの存在も大きいです。何年か前は女性アナウンサーって人気が出るとすぐフリーと言われたりして、私も調子に乗って「そういう道もあるのかな？」と思った時期も一瞬ありました。でも伊藤さんがいるからこそ、この会社は楽しいなと思えたし、この人についていきたいなと思える人に人生でどのぐらい会えるのかなと考えたら、そうはいないじゃないですか。

私はテレ東がつまらなくなったらいつでもやめようと考えていて、それは伊藤さんも一緒だと思うんです。伊藤さんは会社を面白くするために動いていて、その背中を見て、私も動いている感じですね。自分が楽しいことをやって、結果的に会社のためになるのが正しいやり方なんじゃないかなと。そういうテレ東で頑張ることの意味を、私に教えてくれたのは、伊藤さんですね。だから……すごいですよ！

伊藤さんが「大橋に『私の人生、どうすればいいでしょう』と泣かれた」って言っていました？

あれは『やりすぎ』の「お口に出してイッちゃって！」の時ですよね（一一六ページ参照）。伊藤さんには「アナウンサーだからって言っちゃいけない言葉なんてないんだよ」と言われたんです。私はスタッフや信頼している人の思いに応えることを大事にしていたので、つい頑張っちゃったんですけれど。放送した翌日、アナウンス部の部長から別室に呼ばれて、「おまえはあんなこと言ったその口で、今日、真面目で深刻なニュースが読めるのか！」ととても怒られました。

伊藤Pはテレ東のウディ・アレン

伊藤Pの妹

大橋未歩　より

でも、恨んでなんかいませんよ。叱られながらも、片やオリンピックのキャスターもさせてもらったり、テレ東だからこその仕事の幅広さを体感させてもらいましたし。

あ、恨んだことも一個だけあるかな。私が伊藤Pについていくと決めて仕事を断らなかったら、『アリケン』という番組で、気がついたら下ネタを言いまくることになって、えらい目に遭いました。恨んでいるのは、それだけです！

第四章　サラリーマンとしての仕事術——テクニック編

Q：私、伊藤隆行の職業はなんでしょうか。

A：プロデューサー。

正解？　不正解？　確かに僕は普段そう呼ばれています。でも職業ではありません。僕は世の中に通用する職業として、プロデューサーなんて存在しないと考えています。プロデューサーとは単なる役割。職業の実態は単なるサラリーマンです。だから、不正解。

会社から給料をもらっている以上、テレビ局でサラリーマンができない人は、ちゃんとしたプロデューサーにはなれません。つまらなく聞こえるかもしれませんが、僕はプロデューサーらしくあろうというよりは、まずサラリーマンを全うしようと思ってます。

この章では株式会社テレビ東京一七年戦士、サラリーマン伊藤隆行の仕事術について語らせてください。笑いながらどうぞ。

役割を見つけるため、ないものを探す

テレビ局の場合、看板と言われるゴールデンタイムは、七時、八時、九時台に計三番組があって、それが週七日で二一番組。番組を担当できるプロデューサーは、一局に二一人

しかいない計算になります。ずっと自分が社員でいて、現場で番組を作る人間であれば、そこの一角でありたい、と思うものです。

やりたいことをやって、気がつけば自分のポジションを築いている——というのは誰しもが夢見ることです。しかし現実は、やりたいことが上に認められなかったり、やっても評価されなかったりで、思うようにはいきません。今もなお、そうですが……。

僕も最初は自分のポジションを模索しました。入社時はカッコつけて「報道をやりたい」なんて語っていた時期もありますが、一皮剝《む》けば「俺はこれが大好きなんだ！」というモノが全くない自分に気づく。僕は〝究極のノンポリ〟だったのです。

そこで僕は自分のポジションを見つけるため、〝ないもの〟を探しました。

僕が入社して編成の仕事をしていた頃、テレ東には欠けているジャンルがいくつかありました。若者が見るようなドラマ、トーク番組、そして「お笑い」と呼ばれるようなバラエティの中のバラエティ番組などなど。

この、人のいないスペースに旗を立てれば、独自のポジションを築けると思ったのです。後付けですが、そのジャンルを開拓すればテレ東にとっても幅が広がるメリットもあった。

そのジャンルの中で、自分がやりたいことに近いものがバラエティでした。

結果、今では局の中で「良かれ悪しかれ、他の人があまり行かないところを攻める男」というポジションを獲得したと思っています。自分のやりたいことが自分の役割とは限りません。ないものを補うことも、十分、ポジション作りにつながるのです。得をするかは別にして……。

そうやって足がかりが一度できると、後は加速していきます。

僕はテレ東にバラエティ中のバラエティを根付かせるべく、深夜に『大人のコンソメ』という番組を後輩達と立ち上げました。今を輝く劇団ひとりさんや、おぎやはぎさんをキャスティングして、とにかくくだらないことを追求する番組です。

クリスマスの放送日は、テーマが「聖夜にウンコスペシャル」でした。セクシータレントのインリンさんを呼んで、虚実入り混じるウンコの語源について、九つのエピソードを語ってもらうのです。

会議でどうすれば面白くなるか話していたら、ウンコのパネルを見た制作部長が飛んで来て、「おまえプロデューサーとしてウンコはないだろ！」とものすごく怒られました。

「聖夜に気持ち悪いと思う人がいるだろ！」

「いや〜。ウンコぐらいの方が面白いと思いまして」

でも、スタッフには「面白ければいいんだから、気にせずに行け」と指示しました。そんな品のないことやムダなことばかりに注力したのが原因なのか、『大人のコンソメ』は終わりました。

そして、その後番組である『ゴッドタン』でも、スタッフと罰ゲームを考えていて、アイディアをボードに書いていました。

「大橋アナにプロレスの技をかける」

「アイドルにおっぱいを見せてもらう」

など秀逸なアイディアが並んだのですが、それをADが消し忘れたのです。今度はそれを見た局長が飛んできました。

「局の看板アナに技かけるってどういうことだ！　なんだこの番組は！」

「何だ!?　アイドルのおっぱいって!?　オイ！」

その怒り方は、本気でした。

僕は内心、「そんなに悪いことですか？」「先輩達の方がひどかったでしょう。なんで急に善人になってるの？」と思っていました。その時だったと思います。「別にいいじゃないか。もっとやってやるぞ」というアナーキーな感情が芽生えたのは。

その思いを胸に、叱られそうな企画をバッタンバッタン作って、僕の「何をするか分からないヤツ」という役割がいつの間にか固まってしまったのです。

ここで注意です。

「損してるかも……」という感情は強く無視することがポイントです。

自分の役割を変えない

今でも自分の役割は意識しています。もし上から「中身スカスカでもいいから視聴率二〇％の番組を作れ」と言われたら、辞退してしまうと思います。それは僕の役割じゃないですから。

局のプロデューサーには、AからDみたいなパターンが揃っています。Aはいわゆる王道であり、ディフェンス。テレ東でいえば、旅番組や演歌番組を中心とした〝伝統芸能〟

を得意とする人です。経済報道というジャンルを推進するプロデューサーもAにあたるでしょう。

一方、Dはふりきって前衛的なことをやる人。オフェンスで、チャレンジしては失敗だらけ。BとCはバランス型です。情報番組でバラエティ的な見せ方をするB、バラエティの中に情報を織り込むCといった感じでしょうか。

僕がやっている仕事はずっとDですが、もし数字を獲り始めて枠が広がったら、アルファベットは変わるかもしれません。フジテレビではバラエティがAであるように、テレ東でもバラエティが増えるとDはAに近づいていきます。

Dの仕事は世間から「新しい」「尖っている」と評価されやすいのですが（その代わりに失敗した時はアホ呼ばわりです）、Dが成立するのはAがあるからなんです。これは会社の中の役割分担であって、Aのような番組がなくちゃいけないのは事実。だからこそ人数がいるんです。

でも僕の場合、バラエティをやりながら急にAをやることはできないし、雑学的なクイズ番組でBに近づくこともできません。だったら旅という手法を使ってさまぁ～ずを起用するみたいな、バラエティのジャンル——あくまでもDで勝負します。

AはA、DはD。それぞれ自分の立ち位置で戦うことが幸せだし、それで初めて全体が成立する。今自分がDを頑張っているのに、Aをやる理由はないんです。自分の役割にたどり着いたら、あとはそれを全うすればいい。

どこの会社でも周囲を見回すと、それぞれに役割が固まっていると思います。営業でいつも成績を残しているエース、いつもニコニコして場を和ませるムードメーカー、あまり目立たないけれど人知れず尻拭《しりぬぐ》いをサッとしてくれるベテランなどなど。

それではは たして自分にはどんな役割があるのでしょうか？ 新人はコピーとりかもしれないし、会議室の準備かもしれません。しかしそれもひとつの役割であって、「なんにもない」ということはないはずです。最初は小さな役割でもいい。それを確立したら、自分が何をやりたくて、今の自分には何ができるのか、その役割を意識していくことが、会社におけるひとつの出発点になると思います。

ここで問題です。

……もしも、僕がフジテレビに入っていたら、どんな番組を担当していたのでしょう？

現状を考えるとバラエティ以外は想像できない一方で、局にないものを探していたかもしれないという気もします……答えは…………ゾッとします。

嫌われることを恐れるな

「もっと楽になればいいのに……」

と同業者や後輩に対して思うことがあります。守るものをたくさん抱えていて、それがすごくムダに見えるんです。

たとえば酒の席で同業者がこう憂えています。

「自分の担当してる番組が面白くならないんだよ。どうにかならんかなー」

思わず「そう思っているなら何かやれば？　酒飲んで何か言っている力があるなら明日からでもやれば？」と言いたくなりますが、彼らにはその勇気はない。失敗した時の恐怖心とか、立場とか、守るべきものが邪魔しているんでしょう。でも行動しないということはずっと悩むということ。本気だったら動きますよね。本気じゃないんです。

はたまた後輩が酒の席でこう嘆きます。

「伊藤さん。なんで俺の企画、通らないんですかね!?」

それは……つまらないからです。でもつまらなくても本当に通したいという目的があるなら、手段を選ばなければいい。たとえば企画書を出して一〇〇のうち一しか選ばれないコンペがあるとしましょう。もし「絶対にこの企画を通したい。でも、必ずしも通る保証はないな」と思ったら、企画を決める人に直接話すチャンスを見つけて、売り込めばいい。偉い人に取り入ることで採用される確率が上がるなら、取り入ればいいんです。新人ならなおさらです。自分以外の九九人が自分よりキャリアがあってテレビマンとしての信頼度が高かったらどうするんでしょうか？　多少の企画の優劣だけでは確実に負けます。勝ち方、考えなきゃ……。

自分のやりたいことをかなえるためには自己犠牲も必要なわけで、いろんなイヤな思いもするべきでしょう。そこは人を気持ちよくするために男芸者になってもいいし、人づきあいにいくらウソがあってもいい。その機会はみんな平等に与えられる。そこはノールールです。

そうアドバイスすると、後輩は「なんて人だこの人は」と言いたげな顔をして、こう言います。

「それは汚い手を使うってことですか？」

汚いと思うのはその人の勝手です。僕はそれを汚いとは思いません。品があろうがなかろうが、企画が通ればいいいんですから。

「なんで通らないんですかね？」と嘆いているか、汚いと言われるか、どちらがいいのか。真正面から企画を出して落ち続けていれば、正々堂々とやっている気分にはなれます。けれどもこの企画を絶対やりたいと思って、手段を選ばない方がずっと正々堂々としているんじゃないでしょうか。なぜならプロデューサーが番組を立ち上げなければ、制作の人間の「こういう番組をやってみたい」という思いは成就しないんですから。自分なりのこだわりで打席に立たない方が、よっぽど卑怯者《ひきょうもの》のような気がします。

嫌われることを恐れていては何も始まりません。

そもそも組織の基本は「友達ではない集団」です。仕事でおつきあいする人は、友達じゃないんです。親しさでつながっていない以上、ぶつかる感情が芽生えるのは当然のこと。だっていいパートナーには求めるものが大きくなるし、上の立場であれば自分を超える仕事を下にしてほしいですから。それが「プロ」だと思います。

とは言え先輩後輩を問わず「あそこ直してほしいなー。そうしないと全体にとってマイナスなんだよなー」と感じることを伝えたら、相手はいい気はしません。相手の領域に踏み込んだ時、お節介と思われて、揉めること、嫌われること、葛藤することはゴマンと発生します。

でもそれを言わないままでいるのも、残念な話です。嫌われるのを恐れてお互いに何も言わない関係の方が、一生絆は深まらず不幸になることが多い、と僕は考えています。

どんなことでも相手と向き合って何か言った瞬間、嫌われる可能性は数％発生するんです。それなら正直に言える方がいい。どうせ「あいつ嫌い」と言われるなら、「ちょっと嫌い」も「殺したいほど嫌い」も同じ嫌いじゃないか……と思うんです。

でも相手に踏み込んだら、いいこともあるんです。番組が面白くなったり、組織が向上したり、人が成長するのは、あいつのことを応援してあげようよ、と誰かが誰かに踏み込んで力を貸した時ですから。スタッフに限らずタレントでも、嫌われる覚悟でものが言える関係は、本当のパートナーになれる可能性を秘めています。

結局、「好きなように言ってみろ。思うようにやってみろ」ということなんです。先輩だろうと後輩だろうと、僕のことを快く思っていなくて、「勝負しますか」と言われたら、僕は勝負します。そしてその後は、遺恨を抜きにした勝ち負け。そっちの方が気持ち良くないですか。

「うまくいかない」「あいつは卑怯だ」という思いをぐずぐず抱えてバットを振らないヤツより、打席に立って空振りしているヤツの方がよっぽどカッコいい。たとえその人の人格が嫌いでも、信用はできるから、僕はその人と仕事がしたいと思います。あと……その方がよっぽど〝友〟なのかもしれません。

正直さに勝る説得力はない

先日、とあるFM番組から、ゲストに出てくれないかと声をかけられました。「説得力がテーマなんで、それについて喋ってもらえませんか」とのことです。

説得力……。

僕のようなテレビマンは、やりたい番組を会議で通さないといけないから、説得力があると思われがちです。しかし改めて考えると「説得力を持とう」なんて普段思っていないことに気がつきました。

結局、正直さに勝る説得力はないんです。

僕は会議でやたら滔々《とうとう》と語られたり、段取りばかりを踏まれると、話が頭に入ってこなくなって、「もうロジックはいいから。要は何？」と言いたくなります。企画書を一ページめくったところで番組の骨子が分からないと、説得力もクソもありません。

僕の場合、番組タイトルはそのものズバリの正直さで勝負するようにしています。「今田耕司と東野幸治がやりすぎる」から『やりすぎコージー』、「さまぁ～ずがモヤモヤする」から『モヤモヤさまぁ～ず2』、「人妻が温泉に入る」から『人妻温泉』。少なくとも自分の中では結論づけるようにしている。これが『スーパーウルトラ大作戦』のようなタイトルだったら、何も伝わらない。

説得するということは相手に思いを伝えることだから、一言で言えるのが最も良い説得なんです。名が体を表せば、説得する必要なんてありません。だから企画を通すため、説得材料を用意するほど無意味なことはないでしょう。相手の経験値、実績、どう考える人なのか。相手のことを計算して喋っても、結局、企画の根本は一緒なんですから。

その代わり、最初に提示する結論が自分も相手も面白いと思えるか。それが全てになってきます。

もしもプレゼンする相手に「……この企画、面白い？」と首を傾げられた時、「確かに最初の印象は面白くないかもしれないですね。しかしこの出演者がこんなことをする意外性に視聴者は新鮮味を感じるはずでして……」とロジックで説得しても仕方ありません。出した企画がダメなら、「あ。面白くないですね！」で出直せばいい。それは会社に対しても、タレントさんに対しても同じです。

なぜかというと最終的に説得できたとしても、どこかに「これ本当は面白くないかもな」という気持ち良くない感情が残ってしまう。それが怖いんです。説得と言えば聞こえはいいけれど、結局、核心から離れて嘘をついている部分もある。その嘘の結果、提案する側もタレントさんも気分が乗らず、ただの〝お仕事〟になったら面白い番組が作れるわけがありません。企画の根本だけ話して、のれるかのれないかで選んでもらうのが一番正しいんです。

そう思えば、考えた企画はボツになってもムダになりません。通らなかったことにも全部意味はあります。

なぜ通らなかったかと言えば、相手がダメと言ったからであって、そこにはダメになる理由が絶対ある。ちゃんと「これはダメな企画だった」と振り返って、胸に残しておくべきです。

ダメだった時には「どうもすいません」と頭を下げるのが、何よりも説得力があるはずです。悪いと思ったら悪いと言う。ここは悪いと思うけれどここは悪くないと思ったら、そう伝える。口答えしようと思ったら謝らない。煙に巻くことの方がナンセンスでしょう。途中で嘘が発生すると問題がぼやけるだけ。嘘を排除していけば、必ずそこに説得力は現れます。

赤字を怖がらない

僕は金銭管理が上手な方ではありません。どんぶり勘定で、あったらあっただけ使ってしまいます。それで給料はほとんどそのまま妻に渡すようになりました。でもクレジットカードがあるとつい使い過ぎてしまうため、結局引き落としの時に困った顔をするのがうまくなりました。

そんな感じだから独身の時も、お金はなかった。その悪い習慣は、いまだに直りません。ここだけの話、「制作費の管理も、どんぶり勘定でいいんじゃないの?」と思っているフシがあるため、番組制作で赤字を出してしまうことがあります。

ここで「ものづくりに赤字なんて関係ないぜ!」と主張できればなんともクリエーターっぽいのですが、実際問題、赤字を出すのはサラリーマン失格です。〝資金管理能力なし〟のレッテルを貼《は》られておしまい。しかしそれを承知しながら、赤字覚悟でやらなければいけない時もあるのです。

昔、『やりすぎコージー』で「やりすぎ格闘王」という、芸人が本気の総合格闘技で鎬《しのぎ》を削る企画がありました。番組自体超低予算だったので、予算に準じれば簡易リングを借りてきて、パイプ椅子を並べるのがいいところです。

しかし、それで本当にいいのでしょうか?

「芸人達の真剣な格闘技」とは言え、基本的に、超危険です。ましてや、プロでは無い。

ケガをしたらどうする？　→医者が必要。

ケガを防ぐには？　→ちゃんとした設備が必要。

プロの格闘技に比べたら技術は低い。それって面白いのか？　→必要以上に演出が必要。

鍛えている芸人が真剣に戦い、総合格闘家の菊田早苗さんにも解説してもらい、司会の今田さんも自分で「今田道場」という格闘技チームを持っている。これは真剣にやらなければいけない、と思いました。中途半端にやる選択肢はないから本気でやるか、企画をつぶすか。はたして前者を選んだわけです。

それに『やりすぎ』は当時小さい番組だったから、奇抜なことをドーンとやって「なんだこれ？　なんかやってるぞ」と視聴者を振り向かせるには格好の企画でもありました。深夜にお金をかけて違和感のある番組を放送していれば、視聴者は豪華なセットに「オーッ」と惹きつけられるだろうし、「この番組は何を仕掛けてくるか分からない」というイメージを与えることができます。こうしたインパクトは予算を守ること以上に、番組の生命線を握るのです。

そして迎えた本番。総合演出の思い描くプランをほぼかなえました。真剣にやるには、それ相応の盛り上げと安全環境を作るための設備が必要なので、看護師を呼び、出場者のテーマ曲と映像を作り、入場も昇降機がついたトラス（三角形で構成された基本構造）で組んだセットにして、しっかりショーアップしました。僕自身、「ずいぶん豪華だな〜。ゴールデンでもこんなに金かけないでしょ？」と思っていたら、気がつけばゴールデン一本分ぐらいの予算を使っていました。普段の番組にかける制作費の、およそ一〇倍。一〇回分です。

制作費はコンスタントに使う必要はありません。たとえばレギュラーのバラエティで未公開、総集編をやると、特別に新しいことを作らなくていいから、お金は浮いてくる。ある放送回でいつもの倍を使って制作費一本分の赤字が出ても、相殺することは可能です。しかし一〇回分……さすがにこれを一回こっきりで流す勇気はなくて、三週分にして放送しました。けれども、それでも使った予算を回収できないのは明らかでした。もう頭は切り替わって、どうやって謝ろうかを考えます。

当然ながら上司に呼び出されます。怒られました。結構大きな声で。それもかなり間を詰められて。

「なめてんのか、こんな赤字出して……。おまえに返せるのか!?」

「返せないです」

結局、処分は免れましたが、顛末《てんまつ》書を書かされました。僕は会社のお金について自分で責任は取れないので、謝って済むんだったら何度でも謝ります。

でも本当にやりたいなら行動に出ないと、「この番組にはお金が必要」ということすら理解してもらえません。「赤字出しやがって」と言われても結果を出せば、お金をかければ効果があるという認識に変わることだってあるはずです。この予算設定は理不尽だ、安すぎるって思ったら、「そんなの知らねーよ、金かかるんだもん！」という自分の中の暴君が発動したっていいんじゃないでしょうか。たまには。

結果として番組は成長したわけだから、「やりすぎ格闘王」は大きな意味があったということです。お金にとらわれて面白い番組が作れなくなったら、なんのためにやってるか分かりません。インパクトあるパンチを出さないよりは、「まあ、いいか！」で出してしまった方がいい。赤字を出さないで無難に行くのか、思い切ってわがままを発動するのか。せっかく給料をもらって関わっているんだったら、なんでもやった方がいいと僕は思います。

この場を借りて世間の上司の皆さんに言いたいのは、若者に投資は必要、ということです。「ボンとやってこい！」でチャンスと資金を与えてダメだったら、しばらく冷や飯を食わせることでお灸《きゅう》を据えて、またチャンスを与えればいい。そうしないと部下は枯れていってしまいますよ。……というのが時々予算管理ができない僕からの、切実な提言でした。

緊張感があるから頑張れる余白が生まれる

番組が何の緊張感もなく、タレントとスタッフが馴《な》れ合いの仕事になっていたとしたら？　そういう番組は一〇〇%の自己満足番組になります。つまり何の冒険も生まれなくなって、「どうせまたあの感じでしょ？」「タレントとスタッフで勝手に楽しんでれば？」と視聴者に見切られてしまいます。その結果、びっくりするような視聴率――場合によっては〇・〇%をたたき出すのです（昔、低い低い視聴率は計測不能を意味する※印で示されていましたが、今はちゃんと測れるようになりました。〇・〇%とは測定器のある家庭で誰もチャンネルを合わせてない、つまり誰も見たがっていないことを表します。恐ろしい数字ですね)。

タレントとスタッフがプライベートで仲良くなるのは、何も問題ありません。一緒にゴルフに行くのも、一緒に飲みに行くのも好きなようにやってくれればいい。でも仕事にその関係が生かされない時、目も当てられません。

どうなるかと言うと、「これはあの人の意見だから」とタレントの名前を出して、会議で出なかった企画が特例でバンバン決まっていく。そうなると他のスタッフは、「俺達が企画出したってどうせダメなんでしょ?」とやる気をなくし、番組に対しても愛をなくしていきます。

スタッフはタレントの懐に入ってもよいけれど、「こういう方が面白くないですか」と言えなくてはいけません。出演者にも納得してほしいし、こっちも納得したいから、落としどころは膝を突き合わせて最後まで詰める。番組あってのタレントだし、タレントあっての番組だから、そこは対等であるべきなんです。

馴れ合いとは、出来レースです。そのため、相手もこっちも先が見えて、1+1が2にしかなりません。

では馴れ合いではなく、どんな関係が望ましいのでしょうか。

本来、スタッフ側はタレントに対して、番組の企画に沿って「こういうことをしてほしい」という要望を持っています。タレントはそれを面白いと思ってノリノリで挑む場合もあるし、納得できない部分があって難色を示す場合もあります。

そこに幾ばくかの化学反応があって、初めて番組は等身大を超えていきます。「相手は何に期待しているのだろう?」と考えて、分からないなりに答えを出すから、タレントもスタッフも頑張ることができる。

バラエティ番組のスタッフだったら、このタレントはどういうボケをしたいのか想像して、そのためにキャスティングから台本まで、全部考えないといけません。

たとえば『モヤさま』は、できるかぎり面白い素人さんに出てほしい番組です。でも放送禁止用語を使ったり、いきなり脱いでしまうような危険な人は、さまぁ~ずがイヤな思いをするだけだから、絶対に出してはいけない。あくまでさまぁ~ずが面白がれて悪ノリできて、その素人さんも生きる。ロケハンに行ってある程度の目星をつけて、少なくともこうなりそうだと見込みを立てる。そこの見極めをするのは、ディレクターの大事な仕事です。

そしてそこから先は台本に書くことができません。「きっと面白くなる。ヘンな画になるはず」という下ごしらえのもと、さまぁ〜ずが街を訪れて見込みの倍面白くしてくれた時、その化学反応を成功と呼べるんです。

そうするとさまぁ〜ずに、「あいつヘンな要求してきたけど、本当に面白くなったじゃん。さすがだな」と思われて、初めて名前を覚えられる。そして次もスタッフの準備に応えるだけの面白いことを返そうとしてくれます。

これがタレントとスタッフとの望ましい関係です。それを繰り返してると、普段仲良く喋っているわけじゃなくても、すごく良い関係になっていく。距離感と緊張感があるから、頑張れる余白が生まれると言っていいでしょう。

これはテレビ以外の仕事でも同じではないでしょうか。全てが想定内で進んでいたら、「あいつはこういうのをちゃんと作るよね」で落ち着いてしまいます。けれども「これ、返せる？」という想定外なことをパートナーに仕掛けると、「あいつ変わった提案してきたな。じゃあ俺もやるぞ」とお互いの間に緊張感が生まれていく。逆に言えば、緊張のない関係を僕はパートナーだとは思いません。

ちなみに経験上、すごく優秀なＡＤは、大体「こうすればこうなる」ということが読めてしまうので、作り手として斬新《ざんしん》なものを作るかと言うと「？」であることが多い気がします。そういう意味では、二段階ぐらいは読めても、その先は読めないぐらいが面白かったりする。

たとえば今とにかく楽しいのが主流のテレビで、ワンカメ、ワンショットで編集していない番組を部下に作って持ってこられたら、番組としては失格だとしても、僕は惹かれます。皮肉じゃなくて、編集しないものを流せる勇気、これのどこを面白いと思ってるんだろうなというミステリアスな部分、そして「何か起きるかも」という期待を感じますから。だから向いていないと言われている人、すごくつまらないものを作る人は、感覚的に新しいのと表裏一体なわけで、何かしらの才能はあるんです。

想定内に収まらないことで生まれる緊張感は、仕事において個人の持ってる資質を開花させていくのではないでしょうか。仲良くなることはいい。でも飲んだりゴルフしたりして、懐に入っているだけでは、弛緩《しかん》したままですよね。仕事で結果を出したいなら、面倒でも、億劫《おっくう》でも、ハードルを越えるしかないんです。

怒られることの意味

ノルマを達成できない、書類の提出が遅い、報告がいい加減……。会社では、日々、誰かが怒られています。誰かが怒られないと会社は成り立たないんじゃないかと思えてくるほどです。

学生時代、どちらかと言うと優等生タイプだった僕は、あまり怒られることがありませんでした。それが仕事をしだしてから、日々怒られるようになりました。プロデューサーになった今でも、結構な頻度で上から怒られています。

僕が手がける番組は、立ち上げの段階から、こんなことをしたら視聴者はびっくりするかなという見地に立っているので、企画の内容自体もどちらかと言うと、まともではありません。自ずと上から「何考えてるんだ」と怒られる機会は増えます。

もちろん、企画を進めている途中で「これは怒られるな」と思います。でもプロデューサーとしては、それでもどんなことだってやった方がいい。時には半分ギリギリだなと思っていても、「怒られたからやめてくれ」というのはカッコ悪い。途中から曲げるわけにもいかないんです。つまり現場ではある種、ええカッコしいで、「やればいいんだよ！」と言ってしまう。

そこで途中で怒られた時、「すいません」と謝っておいて最終的にはそれを放送したら、「おまえ言ったこと分かってないじゃねーか」とまた上から怒られます。もちろん、こちらに非はたくさんあって、上が言っていることはよく分かります。でもそれを繰り返しているうちに、僕はだんだん麻痺《まひ》していきました。今は想定の範囲内で思い切り怒られると、「思い切り怒られちゃった！」とニヤニヤしています。

企画が持っている性質上、怒られてしまうことは仕方がない。けれどもそれを実現させてから順当に番組は終了しているから、やるべきことを全うしてきたんじゃないでしょうか。そう考えると、怒られるのも仕事なんです。

僕は上から叱られたどうのこうのを、あまりスタッフには伝えません。それを「俺達を心配させないようにしてくれてるんだ」と受け取ってくれる人もいるようですが、仕事の一環と思えば、ごく当たり前のような気持ちになります。

そうは言いながら、怒ってくれることに対しての理解も必要です。僕が後輩を怒る時、期待していないヤツのことは怒りません。怒るのに時間と体力と愛情が必要なことは、怒る側になって初めて分かります。僕も怒ることが愛情だったと思えたのは最近で、それまでは怒られた相手を「チクショー。あいつ、明日死なないかな？」と思っていました。

自分のAD時代を振り返ると、ちゃんと怒ってくれて、特別扱いしてくれなくてありがたかった（ただし殴っちゃいけません！）。今は怒りすぎると辞めてしまうので、逆に気を遣っています。これはADにとって悲しいこと。そこから「なにくそ！」という反骨精神が養われないのは可哀想だから、僕は極力怒るようにしています。

だから怒られる側はしょげたりしないで、「怒られるようなことがある方がまだ強い」「これは期待されているということだ」って勝手に、前向きにとらえればいいんです。

怒られたら、とことん落ち込みましょう。
木っ端微塵にさえならなければ……強くなれる。
プールで溺れたら、とことん沈みましょう。
底まで沈めば……蹴れるから。

落ちるだけ落ちれば、道は開ける。

前向きすぎて前に倒れるくらいが、丁度いいんです。

間に挟まれて孤独を感じる必要性

編成を三年担当した後、二七歳の僕は制作の部署へ異動しました。それまで編成マンとして社内を飛び回っていたのが、ＡＤというゼロからのスタートです。

そのことに葛藤はありませんでした。分かっていないのに分かった顔をして仕事することはよくないと考えていて、むしろそうしたいと望んでいたぐらいなので。

しかし、現実はきびしいものでした。

ＡＤとは先輩の言葉を借りれば、「おまえなんか人間じゃない」。まったくもってその通りで、名前も覚えられないただのネジなんです。上の人が言ったことは絶対だから、なんでもします。「明日の朝までに五台ベンツ用意しとけ」と言われたら、それが夜でも用意する。ムリだったら殴られる。先輩が気持ち良く仕事するためになんでもやる。「コーヒー」と頼まれているようでは遅くて、頼まれるのが分かっているなら置いておく。できなければ怒られる。

仕事でも飲みに行っても二四時間そういう意識で過ごさなければいけない風土なので、プライベートの時間はほとんどありません。

編成にいたことで偉そうに見られたのか、「調子乗ってるんじゃねえ」と、結構理屈抜きの鉄拳制裁を入れられた方だと思います。制作に配属されたその日、とある先輩に「おまえは三倍やっても同期には追いつかない」とも言われました。想定してたよりも、仕事が地味で地味で、日常がとてもつらかった。精神的にはちょっとどうかなっていたとは思います。逃げた仲間もいるし、同期で辞めた奴は、目つき顔つきが変わっていましたから。ＡＤ時代、心の支えは、「なるべく早く自分でちゃんと番組を持ちたい」ということだけでした。

悔しくて泣いたこともあります。

一個のことをずっと引っ張って、自分の思い通りにならないと気がすまない性分の先輩ディレクターがいました。直属の先輩なので、長い長い時間を共有します。すると理由は分からないけれど一日中口を利いてくれなかったり、突然「君がさ、そんな調子いいこと言えるわけ？」とねちねち責められたりする日々が毎日続いていました。

それがとある日、違うディレクターとロケに出たんです。つかの間、その先輩から離れられることで、僕は相当安堵《あんど》しました。そしてロケが終わってディレクターとカメラマンと飲んでいる時、ちょっと同情的なことを言われたんです。

「俺がどうすることもできないけれど、あいつの下で働くのは大変だと思う。……悔しいか？　悔しいと思うことが大事。みんなそれに耐えてきたんだから。面白いことをやりたいなら、立場を逆転させるまで頑張らなきゃダメだ」

そんなところで引っかかってどうするんだという空気でした。そのまま話をしていたら、「僕は悔しいです」と思わず泣いてしまった。会社に入って悔しくて泣いたのは、その一回だけです。

しかし、いじめられること、殴られること以上につらかったのが、チーフADという仕事でした。年次が年次なので、「ADの仕事を遅くても一年で覚えなさい。来年にはチーフADやるからな」と上からの指示で、一年後にはやったこともない『夏祭り　にっぽんの歌』のチーフADになったのです。

チーフADとは、番組を円滑に進めるため、プロデューサーとディレクターのやりたいことを全部かなえる仕事です。番組を成立させるため、起こりうることを全部想像して全て完璧《かんぺき》にしておく。たとえば料理番組だったら、「箸《はし》は何本必要か」「この皿のデザイン嫌いだと言われた時のため、違う皿を発注しておこうか」「取り分けるのはお玉か」「作業の場所を伝えるため、料理のコーディネーターさんに電話しておこうか」……。言われたらすぐ応えられる態勢を作っておいて、できなかったらアウト。あのプレッシャーの中で仕事をして「楽しいな」と思える人がいるとは思えません。

今、業界にはプロデューサー、アシスタントプロデューサー、総合演出がいて、その下はディレクターからAD軍団へとつながっており、AD軍団はさらにチーフAD、セカンドAD、サードADと細分化されています。そしてその質感は僕らの頃とだいぶ違う。昔は今のADがやる仕事全般をチーフADが何かとやっていたんです。電話のキャスティングも、会議のセッティングも、タレントの迎え入れも、前説も。もしかしてテレ東だけかもしれませんが、仕事に〝限界〟の二文字はありませんでした。

大変だったのは仕事の物量というより、その損な役回りです。下のADに指示をするのはチーフＡＤの仕事なので、ＡＤが失敗したらディレクターから怒られます。

ではＡＤから慕われているかと言うと全くそんなことはなくて、ディレクターの意向を汲《く》まないといけないから嫌われるんです。

納得いかない仕事に対する「なんでこんなことしなくちゃいけないんですか!?」というＡＤの感情に対して、「俺だって上から言われてるんだよ。しょうがないだろ！」とは思う。けれども全部をディレクターのせいにして、一緒になって文句を言っている場合ではないんです。ＡＤはネジです。でもネジが機能しないと、番組ができあがらないんです。

結局、自分の意向ではないことを自分の中で処理しないといけなかった。そうやって悩んでいるうち、何人もの後輩が離れて行き、一人ぼっちになっていきました。これはつらかったです、本当に！

「若いうちの苦労は買ってでもしろ」と言いますが、中にはしなくて済む苦労もあると思います。ただチーフＡＤ的な苦労をしているかどうかで、その後の仕事の容量が決まる気がしてなりません。その苦労とは、「完璧に上と下に挟まれて、自分の中で孤独を感じられたか」ということです。それを経験すると、言い方は極端だとしても、「所詮《しょせん》、人は他人だな」と言うことが身にしみて分かる。いいことを言ってくれる人も、結局は助けてくれません。友達同士で仕事しているわけではないんです。

孤独な時、人は弱いからどうしてもつるむことで安心してしまう。でも中間管理職的な立場で苦しかったら、その孤独を受け入れてしまった方がいいんです。仲間と群れたところで何も解決しませんから。

僕が今、それなりに他人のことを慮《おもんぱか》って、気持ち良く仕事してもらうことに気を遣うのは、あの孤独を経験したからだと思います。

人への感謝が番組を作っていく

テレビの現場で一番大事なこと。それは天才的な発想や、超人的な体力ではありません。人に気を遣えることです。

学校の先生が言いそうな、あまりにも真っ当なことを書いたので、少し恥ずかしくなってしまいました。でも、本当にそうなんだから仕方がありません。

ものすごく眠そうな部下がいて、声をかけるかどうか。かけた方がいいに決まってるんです。

「眠そうだね。寝れば？」

「いや……。忙しくて寝てるヒマないんですよね」

「いいから五分寝てこい」

そう気を遣えるか遣えないかが、最終的には番組の完成度に影響していきます。人が見ている部分だけ、自分の範囲だけの仕事をやってたら、スタッフ全体としてはひとつになれません。僕が一番優秀だと思うスタッフは、「こう動いた方がいいだろうなー」ということを理解し、人知れず動けるヤツです。

気を配れることの根っこには、感謝があります。人に感謝ができないスタッフは、他人のために動くことをしないので、必要以上のことをやらなくなるものです。

もちろんプロデューサーをやっていても、他人への感謝は欠かせません。よくよく考えれば、よくよく考えなくても、番組は自分一人でできるものではないんです。カメラマンがいないと画にならないし、領収書を処理してくれる経理の人がいないと番組は成り立たない。裏方の仕事は一見すると余計なことばかりに見えますが、テレビの仕事なんて余計なことの方が多い。余計なことの方が価値がある、と言ってもいいでしょう。

そう考えたら、やることなんていっぱいあります。「俺はプロデューサーだ。どうだ偉いだろー！」と悦に入っているヒマなどないのです。

しかし一見余計なことをしている部署は、会社の花形部門のことをあまり面白く感じていないはずなんです。今では一人のプロフェッショナルとして仕事に没頭していたとしても、テレビ局で言えば、彼らはもともと、番組を作りたくて入社したに決まってるんですから。ただ会社にはそれ以外の部署も絶対に必要なわけで、彼らはあえてサポートする側に回ってくれているわけです。そんな気持ちすら分からない人は、番組を作ってはいけません。

会社の中で協力者を束ねて、「あいつのためなら、やってやろうじゃないか」と言ってもらうには、「こいついいヤツだな」と思ってもらう必要があります。そのためには本当に通したい意志を伝え、「ありがとう」も言えば頭も下げる。それをやらずして、もともとない関係値を築くことはできません。それができなくて文句を言っている人は、業界から足を洗った方がいい。だって僕達は、自分を守るんじゃなくて、番組を守らないといけないんですから。

これはビジネスに限った話ではない基本中の基本です。だって僕達は家庭や部活でそう教わってきました。それをテレビ局に入った途端、何をカッコつけてんの？　ということ。そこは普通にやってほしい。

僕が会社で一番気になるのは、「ありがとう」ひとつ言えない人です。たまに怒ったりするのは大体そのことで、仕事を手伝ったのに横柄な態度を取られると、先輩でも僕は食ってかかってしまいます。「人からいろいろ助けてもらったなー」という思いひとつを言葉にできない人が、余計な仕事をできるわけないですし。

僕からすれば、人に気を遣えること、「ありがとう」と言えること、頭を下げることの方が、天才的な企画を生むよりもずっと大切です。

「ありがとう」と言えば、この場を借りて感謝を伝えたい人がいます。面と向かっては、笑ってしまって絶対言えないので。その男はいつも……

「局員（サラリーマン）なのにそんな無理して大丈夫っすか!?」

「いや、オレはいいんすよオレは……」

「これでいっちゃいますよ！　大丈夫ですね？　オレはいいんすよ別にオレは……」

と心配してくれます。

い、いつも……あ、ありがとう。

何とかサラリーマンやってます。これからも……

心配してください。

証言4 「革命軍のリーダー、伊藤隆行」

放送作家 北本かつら

分かりやすく言うと、伊藤さんはサラリーマン金太郎です。

まず、熱い。思ったことはすぐ実行する。会社の趣旨にそぐわないアイディアを出す。そして偉い人に楯突《たてつ》く。自分の番組に社長を出したりするじゃないですか。あれ、本当はまずいんです。トップ過ぎる人はあっけらかんとして冗談が通じても、その周囲は快く思わないですから。そうやって一部に嫌われながら、しがらみを飛び越えてしまう感じが、非常にサラリーマン金太郎に似てます。

第一印象も「熱い」でした。バカルディがさまぁ〜ずに改名してヒマだった頃、さまぁ〜ずがメインで特番をやりたいということで、後輩作家の僕が呼ばれたんです。

当時テレ東との仕事がなかった僕が外部から見ていると、テレ東には深夜は他局でやらないような攻撃的な番組があるけれど、浅い時間は旅、グルメ、経済の番組が揃った大人の局だと思っていました。そこに伊藤さんがお笑いをやりたいと現れたから、「あ〜。こういう人もいるんだな」と。それで最初会ったら、「グルメや旅ばかりやってる場合じゃない。僕はゴールデンでバラエティをやりたい。テレ東で革命を起こしたいんだ！」と熱く語るんですよ。

その時は「すごいですね！」と僕も調子良く相槌《あいづち》を打ちましたけど、内心では「この人はそのうちいなくなるだろうなー」と思ってました。だってやろうとしていることが局の意向に沿っていないわけですから。つまり危険思想の持ち主。「もしかしたら信じていいかも……」と思えたのは、その番組が成功して二回目に会った時ですね。

大体、さまぁ〜ずや僕を起用したこと自体がトリッキーなんです。その頃のさまぁ〜ずは売れていないというより、一回売れて消えた人だから使いにくかった。それに特番を任せようというんだから、ずいぶん大胆なことをする人だなと。それに僕も二〇代で、他局の番組で言ったら四番手ぐらいの作家ですよ。そんなぺーぺーにチーフ作家を任せちゃうし、その時のディレクターチームも、温泉やグルメ番組のＡＤをやってきたテレ東の若手で、バラエティを担当したことがないんです。

そこは見抜く力があるというより、〝天才的な見切り発車〟なんじゃないですか。『モヤさま』だってそう。もし笑いにきびしいスタッフだったら、「芸人が街歩いてなんか面白くなるだろう」でいけるとは思わないですから。「その企画のモチベーションは何？　なるほど、街を使った大喜利だね。細かいポイントを見つけての大竹さんのワードいじり……」みたいに理屈があって、初めて納得してくれる。

それが伊藤さんは「モヤモヤした地域いっぱいあるでしょ。ああいうところに行ったら面白くなるんじゃないの？」だけでゴーが出ちゃうんですよ。そもそもお笑いに関しては「大いなる素人」と自称していて、凝り固まったお笑い文法がないんですよね。そのせいか、もういいじゃん、みたいな度胸があります。

そんな見切り発車なのに、なんで番組が成功するのか？

圧倒的に他のプロデューサーと違うのは、数字（視聴率）のことを言わないんです。普通は数字が悪いと、ペットを出せ、グルメを投入！　と指示が出るんですけど、伊藤さんはそういうことを一切言わない。判断基準は面白いか面白くないかだけで、数字が悪ければみんなで凹めばいいという態度。これはやりやすいですね。

　無茶な企画もやるから、たぶん偉い人に怒られたり、詰められたりしてると思うんです。でも会議では裏で何が起きているかをいちいち言わないし、一切その感じを出さない。「全然大丈夫だったよ！」と笑っているし、へらへらしているようにすら見える。スタッフの士気が下がらないようにしてくれているんでしょうね。「俺、数字悪いと飛ばされるから、こういう企画やってくれ！」と言わないから、みんな内心でこの人カッコいいなーと思っているわけです。逆に僕らが心配して、伊藤さんが怒られないように頑張らねばと奮起しちゃうんですよね。そこらへんは非常にスマートで、独特の人心掌握術を持っていると思います。

　それと発想術も他のプロデューサーと違う気がします。まず世間でこれが流行《はや》っているからうまく企画にしようという発想があまりない。あと、やりたいことが常に一個ある感じですね。この業界、「爆笑できてヒットする企画、なんかない？」みたいな漠然とした要求が多いんですけれど、「全編、英語でやりたいんだけど、なんかない？」と発想の出発点を持ってきてくれるので、作家としては考えやすい。

そう言えば何年も前から「タモリさんメインでゴールデンタイムに全編英語の番組やりたい」って言ってるんですよ。中身は普通のバラエティで、英語で喋れば勉強にもなるし笑えるという内容で。「タモリさんですか。何かツテあるんですか？」と聞いたら、「何もないよ！　だから一から企画書作って、通うしかないよね」。

タモリさんはブッキングできない。それに英語だと視聴率的に難しそう。はっきり言って若手が提案して怒られる企画ですよ。でも口に出さなければ実現しないから、一応準備しておこうと考えるんです。通常は作家がそういうことを言って、プロデューサーが止めるんですけれど、伊藤さんはその部分が壊れていますね。データで数字の保険がかかっていることに重きを置かないで、面白さ重視。見ていないものを作りたがる作家的な発想なんじゃないですか。

それとテレビに出演する感じも独特ですねえ。業界の裏方が番組の隠れキャラとして出ると、本当は嬉しいのに「周りが出ろって言うから」って言い訳するんですよ。それで出たがりはサムいと言われるんですけれど、伊藤さんはそういう発想から飛び越えている。「タレント雇うの面倒くさいから、伊藤さんが出て行って説明してください」と言われれば、「あ、分かった」ですぐ出てしまう。出たがりとも違うんです。「プロデューサーだから出てもいい」ぐらいの気持ちなのかもしれません。もしかしたらテレビをなめているんじゃないかな？

もうひとつ不思議なのは、制作の現場にいると、普通は太るか痩せるか小汚なくなっていくものなのに、伊藤さんは最初に会った時から体型も肌質も変わらないこと。どんな夜中に会っても、髪も決まって、身なりも小奇麗にしている。実は隠れてメンズエステに通っているんじゃないですか？　本当は出たがりで、いつカメラを向けられても良いように整えている可能性はありますね。

＊

『やりすぎ』がゴールデンに移行した時、キャッチコピーが「月9革命」だったんです。そのポスターを見た時、一〇年前に言っていた革命が起きたんだなーと。バラエティ番組を一発作ったのが、他の番組につながり、『やりすぎ』『モヤさま』もゴールデンに上がって、最初に掲げた目標が少なからず実現してますからね。その陰で『ド短期ツメコミ教育

クビにならないで！
北本から

伊藤Pへ一言……

豪腕！コーチング!!』とか、革命軍が撤退した番組もあるんですけれど。

そう言えばこの間、「革命はまだ第一次革命が終わったに過ぎない。第二次革命も考えている」と言っていました。第二ステージに何が始まるのかは全く不明。実は何も考えていなくて、言ったら実現する、例の発想なのかもしれません。気になりますねえ。

僕は伊藤さんのことを革命軍のリーダーだと思っています。だから、伊藤さんが偉くなって、「ラーメンベスト10や可愛いペット大集合の企画書いて」と言われたら、他の軍に移るか、持っている銃を突きつけるかもしれません。今のまま、部下に「出たがり」といじられるチャーミングさを持って、今のまま、愚痴やトラブルをわれわれに一切見せないで、「大丈夫、大丈夫」でいてほしい。唯一心配してるのは、やんちゃなままでいて、伊藤さんが制作局にいられなくなることです。

第五章　伊藤Ｐのモヤモヤ仕事術
――「気の持ちよう」こそ全て編

私、伊藤隆行は今でこそ「伊藤P」なんて呼ばれて、すっかりテレビ業界の中の人になっているようです。

しかし元はと言えばテレビについて語れることもないし、演出などの方法論も一切持ち合わせてなかった、「ど」のつくテレビ素人です。それがテレ東に入社以来、人の意見を吸収したり、人に翻弄されたり、人に反発したり、一年一年、身の回りにいろんなことが起きる中で年を重ねてきました。明らかに昔とは考えてることが違っています。でもそれは悪いことではない気がします。三七歳と三八歳の伊藤隆行が一緒じゃいけませんから。

さて、もうそろそろ僕も四十路です。いつまでも若者ぶってるつもりはないし、どんどんお父さんの感性になっています。テレビマンとして、そして一人のサラリーマンとしてどう仕事すればいいか。さらには、今後テレビはどうあるべきか？　それを考える際、テクニック論はもちろん大事ですが、それだけでは片付かないことだらけです。やはり気の持ちようこそ全てだと僕は思っています。

壊れたら丸腰しか残らない

高校時代、野球部でエースだったSに、「おまえはあの時から変わった」と言われた出来事があります。

Sは高校で七人ぐらいの気の合う仲間とつるんで、みんなでボウリングしたり、合コンしたり、浮ついた遊びをしてました。僕はそこと深く関わらない立ち位置で、遊びに誘われても、距離を置いていました。「野球部のピッチャーがそんなに遊んでたらダメだろ」と注意しては、何こいつという顔をされたり、その仲間が大勢で家に来て、「そんな気分じゃないから帰ってくれ」と言ったこともありました。ちょっとした堅物だったんですね。

大学に進学してからは、みんなバラバラになったんですが、たまに集まって草野球をしたりしていました。とある日、野球が終わって打ち上げで安い飲み屋へ。その後、みんなでSの家に泊まりました。ベロベロに酔っ払って、みんなで酒を回し飲みしていて、気づいたらみんなそこらへんにぶっ倒れていました。「手品やります！」と言って嘔吐《おうと》しているヤツもいて、学生らしいバカな飲み会です。そして事件は起きてしまいます。

そこで僕は便意を催しました。トイレは一階と二階にありますが、中で気絶している友達がいるから、ドアが開きません。したたかに酔った僕は這《は》いつくばって外に出て、表で処理しようと企みました。

Sの家の前に車が停まっていたので、そのスペースに隠れてコトを済ませました。しかしその時、紙がないことに気づきます。「どうしようか……」と焦った瞬間、なぜか友達がそばにいて「何も言わずに使え」とティッシュの箱を渡してくれたのです。

あとで聞いたら、家の中では「伊藤がいない」という話になって、周りを見たら僕の財布やら靴やらが点々と落ちていた。「この先に伊藤がいるぞ」と跡をたどっていったら、僕が尻を出して排便していたわけです。自分としても、それなりに順調に生きてきた人生で、最も「あっ！　しまった……」と思った瞬間でした。

それをきっかけにこれまで疎遠だった友達の評価が、一気に「あんなところで試みるなんて、おまえはすごいヤツだ」ということになりました（学生はバカですね）。今でも「あれがなかったら伊藤は仲間になっていなかった」と言われます。

下世話な話ですいません。

でも、あの時、自分の中で何かが弾けた気がするんです。自分をぶっ壊そうと思うようになったのは、あれがきっかけかもしれません。その後の就職活動で、それほどテレビ局に行く意思はなかったのに、結局、「報道がやりたい」とホラに近いことを言って入社している。あれも何かの箍《たが》がはずれたから踏み切ることができたとしか思えません。

会社に入って、さらに自分の恥部がさらされたという思いがあります。編成の時は凡人だの、おまえは何様だのと言われたし、ＡＤになってからは人間じゃないというレッテルを貼られ、ミスした時に人前でガンガン怒られて、どんどん自分が壊れていきました。壊れるべくして壊れたんでしょうけれど、見栄やプライドが跡形もなくなった気がします。壊れないと何か出てこない。そういう人生なんです。

ただ僕の場合、壊れたことで「ここだけは人に譲れないもの」がないことに気づきました。それまでは、こだわりを持って生きているつもりはあったんです。でも、よく考えたらこだわっていることがあさはかすぎて、ポリシーのないノンポリの究極だと気づきました。もともと好きなものがそんなにないと。

振り返ればアイドルやスポーツ選手を夢中で好きになったこともなかった。思春期の頃に流行ったおニャン子クラブも、周りはあの子がいいこの子がいいと言っていました。でも僕にはいいと思う子が誰もいなくて、みんなが写真集を買う気持ちが分からなかったんです。

ではテレビの世界に入ったら壊れないとやっていけないかと言うと、壊れないでやっている人の方が多いんじゃないでしょうか。でもそれは、何かやりたいことやこだわりを強く持っているから、壊れないで済むんだと思う。僕は守るものも貫くことも何もないから、壊れざるをえませんでした。

自分には何にもない……。そう感じてショックを受ける人もいるかもしれません。でも、それはすんなり認めた方がいいんです。どうせあがいたって何も出てこないんだから。それよりも自分がいかに何もない人間か、一度知った方がいい。自分の評価は他人がするものです。

何かを目指すなら一回壊れることで、自分が本当に本気かどうかを確認できます。一回冷静に自分を見るのは、壊れる形でもいいし、ライバルに先を越されて悔しい思いをするでもいいし、「自己実現できないのはなぜか」と考えることでもいい。通過儀礼は人それぞれでいいと思います。

壊れたらそこには丸腰しかありません。

逃げないのなら……

その丸腰で勝負するしかないのです。

悩みに早く到達する

若手の時に叱られること。それは良いことじゃないでしょうか。だって新人はいきなり仕事ができるわけないのですから。

僕も全然できませんでした。それが悔しくて、感情の持っていきようがなかった。でも、その鬱憤《うっぷん》を酒に向けたりアレコレしても、最終的に解決しないんです。

やっぱりどんなつらい問題でも、どんなイヤな人でも、ちゃんと向き合って答えが出ないとダメです。

答えを出すのは難しくありません。時間もかかりません。悩んでいる時、愚痴を言っている時、もともと答えは出ているんだと思います。

「なんで先輩は俺にばかり理不尽なことを押しつけてくるんだろう。理解できない……。どうすればいいんだ？」

もう答えは出ています。「先輩は理不尽だから」です（そのまんまですね）。なんでむしゃくしゃしているか、原因は分かっている。「そもそもこうだろ」と思うことに答えはあります。心の底にあるむかつきの原因。自分の中の正論。あとはそこに対して正直になったかどうか、です。その原因に触らないでおくと、鬱憤はたまっていくだけです。

この場合、先輩に向かって、「やっぱり僕はこう思います。先輩の言うことは違うと思います」と言って、それでバカだクソだと言われた方がいい。成就しなくても、それが答え。答えは見えているはずなんです。本人が一番分かっているはずなんです。

悩まない人はいません。悩むべき問題を抱えている人は、早く悩みに到達した方がいい。それを解決しない人は、ただの悩みたい人。ずっと悩んでいられる人なんです。そしても自分の間違いに気づいちゃったら、謝っちゃいましょう。相手にも、自分にも。早く自分を前に向かせることが一番。それでみんなが幸せ。

仕事である以上は、面白くて当たり前

僕は人生の大半の時間を使ってテレビの現場にいます。でもそれは自分の中では一割ぐらいの感覚なんです。そう思うようにしています。一割の中ではサラリーマンをやっているし、番組も一所懸命作っている。でも一割で起きた大きなことは残りの九割には全然勝てなくて（残りの九割は九割で大した人生じゃないんですけれど）、ついつい楽観的になってしまうんです。

たとえば社内で上層部が真剣な顔して話をしています。

「営業売上が昨年比〇・五％減……。これはまずいな。盛り返すには番組の力が必要だ」みたいなお決まりのやり取りが交わされているのを耳にすると、「大したことじゃないよね!?」ってついつい笑っちゃう。分析になっていないし、低いところを分析してもしょうがないんだから、やめればいいのに、と思うんです。

現場でもそうです。物事をすぐ忘れるし、昨日と言っていることが違うらしい。会議の途中でも話していて、こっちの方が面白いなあと思ったら、「じゃあそれで」と言う。たまに「あ、今の話はナシ」「さっきの間違えた。ごめん」とか。前言撤回にはこだわりません。昔はもっとマジメだったと思うんですけれど。

プロデューサーは一般的にポリシーが強くて、「この番組はこういく」と決めるタイプの方が多いんじゃないでしょうか。その点、僕はまるで軟体動物のようです。プライドが全くないと言えば嘘になりますが、テレビそのものに対して、そんなにこだわりはありません。テレビはついていれば見るし、眠ければ消すし、そんな感じのもの、という認識です。

だから自分の作った番組を〝作品〟と呼ばれるのが苦手です。自分で〝作品〟って言う人もいますが、僕には違和感があります。

金を払って足を運ぶ映画は作品だと思うんです。監督にしても脚本家にしても見てもらうために自分を投影して、こだわりつくして、人様からお金を取る商売だから。でもテレビはお金を取ると言ってもスポンサーからであって、視聴者に対して直接のプライドを持つことはできません。

だからフジテレビが昔キャッチフレーズに用いていた「楽しくなければテレビじゃない」ではないですが、「面白くなければテレビじゃない」と僕は思います。テレビの前で見ている人が面白ければいいだけであって、そこに作品観を持ち込む必要があるのか、という気がするので。そこに当たり前のこだわりやポリシーは必要だとしても、作品に付随しがちな孤高の精神とか、メッセージ性とか、そんなものは一切必要ない。なんならこだわりやポリシーも捨てられるぐらいじゃないといけないんじゃないでしょうか。

どういうことかと言うと、僕らはこの仕事で食べているだけだから、それを当たり前の仕事としてやろうよ、ということ。「面白くて当たり前」で片づけるのが正しい姿勢であるということです。逆に難しいんです。仕事としての情熱やポリシーを「当たり前」に持ってなければいけないのですから。

大いなる素人

部下にVを直すように命じる時、番組のタイプにもよりますが、僕はそれほど難しいことは言いません。ヒントは視聴者目線で与えればいいと思っているからです。

視聴者だったらこうした方が見やすいだろうな、面白いだろうなという目線で見ながら、「順番が違う方がいい」「最初にタイトルを出した方がすぐ集中できる」など、全体的に直感で感じたことだけをパーッと指示します。プレビューでは、最初にそういう意見だけ頭に言って帰って、後はお任せです。

僕はこれまでバラエティ番組を数多く手がけてきて、それも世間で「ゆるい」と言われる空気の番組がわりあい評価を受けてきました。そのため、「あんな人と違ったことをするなんて、逆に伊藤は笑いに対して緻密なんじゃないか？」と思っている人がいるようです。でもそんなことはありません。お笑いに関して、自分は「大いなる素人」だと確信しています。

子供の頃からバラエティ番組は好きで見ていました。『オレたちひょうきん族』『8時だョ！全員集合』『天才・たけしの元気が出るテレビ!!』。テレビ東京で言うと、『浅草橋ヤング洋品店』『ギルガメッシュないと』……。驚くほど普通のラインナップです。

芸人や放送作家はそうした番組に多大な影響を受けてあらゆるバラエティを見倒し、笑いのパターンを研究した、というマニアックな人が少なくありません。でも僕はゲラゲラ笑って見ていたけれど、決してテレビっ子ではなかった。親には「あんまり見ているとバカになるぞ」と言われていたし、高校、大学でも毎週必ず見る番組はありませんでした。テレビに陶酔した経験がないんです。

初めてさまぁ〜ずに会った時も、芸人さんに深い知識があるわけではないですから、好きも嫌いもなかった。三村さんを見て「あー、『〜かよっ！』ってツッコむ人だ」と思った程度です。

今でも自分はバラエティに関してただの素人だという意識はあります。でもプロデューサーはそれぐらいの距離感がちょうどいいし、ほぼ視聴者じゃなければいけないと思うんです。番組をきめ細かく作って、面白くしていくのは演出でありディレクターの仕事。それに対して、プロデューサーは、「この番組がどう見られてるのかな」という素人目線でぼーっと眺めて、ジャッジしていけばいいんです。

プロであることに誇りを持つことは決して悪いことではありません。でも届ける相手が一般人であるなら、最後にプロから目線を戻す一工程が必要になってきます。その時、ことさらプロであることを意識してこだわりを捨てないのは、かえってマイナスになるだけではないでしょうか。

別に素人でいいじゃないですか。どうせもともとは素人だったんだから。

才能のうち、九九%は凡人

プロデューサーは、言わば社長です。

企画書という紙切れ一枚を書くことで、多くのスタッフ、タレントを巻き込む。そして一回の放送でいくら、年間で言えば何億という予算を預り、それを撒《ま》いていくわけです。ADのレベルで言えば、掛け持ちしていないかぎり、番組が終わることは失業を意味します。つまり、構造としては、プロデューサーが人を食べさせているわけです。

一介のサラリーマンが一個の会社の社長になった気分で、多少怒られることはあっても、やりたいことをやりたいだけやれる。そんな恵まれた、世間からずれている仕事なんです。

正直、「自分がこんなことをしていいのか？」と思ったこともあります。僕は最初から他人の人生を引き受ける覚悟を持って起業した社長ではありません。でも現実として、多くの人を巻き込んでいる。それって失礼じゃないのか？

そのための心構えとして、僕はこう考えて仕事しています。

「自分の才能が一〇〇%だとしたら、九九%は凡人。でも、一%はものすごい天才だ」と。

自分は凡人です。ただその中にある一％の天才の部分で、自分の本音を企画書にしたり、自分の番組にしています。その一％は「面白い番組を作りたい」でも「自分が目立ちたい」でもいいんです。明確に「こういう番組をしたい。だからつきあってください」という誠実な気持ち。その一％がウソをついてさえいなければ、人を巻き込んでもいいと思うのです。

ただし一％の部分にウソがあってはいけません。

たとえば芸歴二〇年以上の芸人さんに、テレビ歴五年のテレビマンが「こういうことをやってほしい」とお願いするとします。普通に考えたら、対等に話せるような関係ではないんです。でも芸人さんが、「うん」と言ってくれる。なぜか。それはテレビマンのバックにテレビ局があるからでも、芸人さんが妥協したからでもない。相手に対して「こいつは本当にやりたがっているんだな」と感じさせる一％が存在するから、仕事にのってくれるのではないでしょうか。

「一〇〇％の天才であれ」と聞くと、「俺にはムリだな」とげんなりしてしまいます。一〇％でも多すぎる。でも〇％だったら、そんな仕事はしない方がいい。天才の部分は一％

で十分です。一%あれば、なんとかなります。ただし、その一%は誰にも入れない、マネできないものでないといけません。もし「天才」という言葉が重いなら、「自分の中で静かに燃えている、何かすごいもの」でもいいんです。

テレビ業界は輝かしく見えるかもしれません。しかし、働いている人みんながそんな大したものなんて持っていないし、別に偉くもありません。ほぼ、凡人でしょう。あとはその一%を全うできているか、だけだと思います。

どうして僕がこの「一%の天才」を心に抱いているかというと……実は、人の受け売りなんです。僕が駆け出しの頃、二〇歳年上の大先輩・Yさんが酔っ払って言った言葉でした。

Yさんは仕事に対して熱い人で、よく飲みに新橋まで連れて行ってくれました。足繁く通っていたのが、店内が暗いから若く見えるだけのママが一人でやっているバーです。当時、Yさんは完全な中間管理職。いろいろストレスがたまっていたようで、癒されたかったのか、ママに「手を握ってもいいかね?」とお願いしました。そして「いいわよ」と言われると、カウンター越しに両手を握って、Yさんは目を瞑《つむ》りました。

その間一〇分。ハッと目が覚めたYさんは、癒されて元気になったのか、急に僕に説教を始めたのです。

「無理しなくていい。企画書にしてもカッコつけなくていいんだ。おまえなんて誰も求めてねえんだよ。だって面白くないんだし。

だけどな、結局、九九％は凡人でも一％は天才じゃないといけない。と言うのは、テレビ番組を作ってお金をいただいてるわけなんだから、『自分はこれができるんだ』という情熱とか取り柄とか、それを活かして仕事をしないと、人様に失礼だろ？

おまえに多くは求めない。でもおまえと俺は違う人間なんだから、おまえの一％はどこか天才なんだよ。それは信じきらないとダメだぞ」

僕はその話にグッとくるものがありました。ほとんど好奇心だけで入社したテレビ局で、なんとかモノを作らなければ……と肩に入っていた力が、ふっと抜けるような気がしたのです。もっともこの間Yさんにそのことを話したら「何それ？　俺、そんなこと言った？」と首を傾げていましたが。

これはテレビマン限定ではなくて、何かの職業でメシを食っているのであれば、一％は天才だと信じる気持ちがないと楽しめないだろうなと思います。仕事が必ずしも楽しい必要はないけれども、仕事が自分の一部だとしたら、なるべく楽しむ術を持った方がいいのではないでしょうか。

絶対、何かありますよ。接客業ならお客さんに「ありがとう」と言われる回数だけは負けないとか、調理人だったら大根の皮をむくスピードが異常に速いとか、家庭で素晴らしくキレイに掃除をするとか。プライドを持てる分野が必ずあるはずなんです。

周りからなんと言われても、もしかしたらここは天才じゃないか、というものを、残りの九九%を逆転するぐらい、恥ずかしげもなくバカなぐらい思った方がいい。だってどこかで青天の霹靂《へきれき》のようなチャンスが訪れた時、発動できる一%を持ってないと頭角を現せないでしょう。信じていないかぎり、何もかないません。

自信を持っていこう、志して仕事をしようということ。誰しも一%は天才なんだから、やりたいことは一個ぐらい持っていなきゃ楽しくない。

諦めずに、

恥ずかしがらずに、

自分をちょっと好きになる。

僕だってそうです。

最下位キー局・テレビ東京で育ったということは、すなわち弱者ということ。でも弱者には弱者の勝ち方がありました。最強の弱者になればいいと。

弱い自分——本当は隠したいモヤモヤしている自分を潔く認めてしまって、九九％は凡人であると確信する。だけど残っている一％だけは死んでも負けないと誓う。その一％の天才に対してバカになることができれば、活路はきっと見出せるはずなんです。

九九％のモヤモヤした自分をまずは嫌でも受け入れる。

つまり、モヤモヤを晴らして目をそらしたい弱い自分とちゃんと向き合う。

それではじめてスタートラインに立つ。

その後は自分にも読めない自分を大切にする。

その唯一の道標は、自分の中だけにある「一％の天才」。

それを、恥ずかしがらずに解放する。

そのためなら、何でもする。

これが僕のいうモヤモヤ仕事術の正体です。ただし……

※使用上の注意

他人に「バカ」と言われても、へこたれないこと。

証言5 「お前はバカだから、制作に行け」

テレビ東京制作 社長 近藤正人（伊藤Pの元上司）

伊藤……。あいつはバカでしたね（笑）。

僕が編成のセクションにいた一九九五年、伊藤が新入社員で入ってきたんです。当時、課長職だった僕と話していたら、「ジャーナリストになりたい」とのたまうんですよ。テレビ局に入ってくるのは、報道だったりスポーツだったり、現場に行きたい人が多いんですね。それでどういうことがやりたいかを聞いたら、「戦争ジャーナリストです。戦地からレポートしたいんです」と、あれは飲んだ席の話かもしれないけれど、キラキラした目で語っていて。だから同じく伊藤の上司だった大島（現・テレビ東京制作局長）と、「何がジャーナリストだ」と二人でこき下ろしていました。そう言えば最近『やりすぎ』に戦場カメラマンの渡部陽一さんが呼ばれたらしいですね。志望通り行ったら二人はアフガンで会ってるはずなんだけど、それが都内のスタジオで……。何か違うんじゃないかな。

でもそのうち密に仕事をするようになって、いい意味でバカができる奴だなと思いました。バラエティを作るのに必要なバカ度を持っているから、これは戦場に行かせちゃいけないと思った。それで飲むたび、大島と「お前みたいなバカが報道に行けるわけがない」と言っているうちに、伊藤もだんだんその気になったんじゃないかな。僕や大島の制作出身のノリを見て、「俺はこっちなのかな」と思ったのかもしれない。

才能を見抜いた、なんて大げさなものではないですね。なんかヘンなものを作りそうだと思ったというか……それこそモヤモヤしたものを感じたんです。だから僕に人事権があったわけではないけれど、彼について評価する際、「制作に行かせると合うんじゃないか」と報告したことは覚えてます。

今から思えば、伊藤はプロデューサー的なタイプだったんじゃないですか。自分じゃあんまり芸やらないで、人にふってやらせるのがうまい。悪いヤツとも言える。ただ芸はやらなくても、一緒に参加して、でも気がつくと俯瞰《ふかん》している……そういうところがあるんでしょうね。プロデューサーはある部分醒《さ》めて見ていないといけない気がするんですよ。自分でもおいおい泣きながら作ったものって、必ずしも人に伝わるとは限りませんから。

そのへんの按配って感覚的なもので、彼はそこまで入らないんじゃないかと思います。あと伊藤は出たがりでしょ？　出たがりがただ出てると本当のバカになっちゃうけれど、その辺の度合いがほど良いんですよね。

編成時代も結構バカな企画を出してたんですよ。「こんなバカなことどうですかね？」と持ってくるから、「バカか」と言うと「そうすっかねー」と帰って行く。いくつかいい企画がありましたねえ。その後に生まれた『人妻温泉』なんて、紙一重じゃないですか。ただしバカな企画でも、悪い方向には転ばない。

彼が制作に行って、僕も編成から制作に戻っていくつかの番組を一緒にやったんです。あんまり成長していなかったな。いい意味で。あんまり大人になられてもつまらないじゃないですか。

印象深いのは『あっぱれ日本一』。視聴率的に大成功ではないけれど、いい番組でね。伊藤がまだ全体の総合演出を手がける前で、ディレクターとして力をつけた時代じゃないかな。タレント扱いがうまかった印象があって、あんまり取材したものに関して怒った記憶はないですね。彼が悩んでる時、「バカなんだから難しいことはやるな」とは言っていました。

＊

伊藤の弱点……。まだ本気でバカになっていないかもしれないな。最近は自分の中で「伊藤P」を作って、それを崩せなくなっている気がする。『モヤさま』が始まった頃の露出はもっとバカっぽかった。それが今は計算して出ているのがイヤですね。難しいことをしようとしている。もっとナチュラルにいけばいいんですよ。

ただテレ東のDNAみたいなものを彼は持っていますよね。ゲリラという表現は適当じゃないかもしれないけれど、変わったもので他の局に勝つ。そういうことに喜びを見出して、この会社の置かれているポジションを楽しんでいる。そこを理解したうえでの愛社精神はあるなと思います。

でも「気鋭のプロデューサー」と持ち上げられているわりに、実は番組がそれほど視聴率獲っていないよね。一回ちゃんと獲ってもらわないと困る。あまり先に行き過ぎると、数字がついてこないことがあるんですよ。まあ、そんな先に行っているとも思わないけれ

ジャーナリストになるのは今からでも遅くない
近藤正人

伊藤Pへ一言……


どね。

それでも経済効果としては、なかなかたいしたもんだと思います。就職試験で学生を面接していると、「伊藤Pに憧れてきました」という学生が相当数いますから。一生の大事なことをそんなことで決めていいのかと思うんだけれど（笑）。

もしこの本が出て、ただでさえ高い鼻がもっと高くなったら、僕はトラップをかけます。「伊藤は変わった」って悪口を言ったりね。まあ、変わらないでしょうけれど。それにしてもずいぶんバカバカ言っちゃったな。でもバカって二〇代には褒め言葉だと思うし、実は真面目ですよ、彼は。

今頃言っても、遅いかな。

でも彼は、基本は優秀な後輩であり、全ては愛情溢れる「バカ」発言であることを最後に強調しておきたいと思います。

第六章　テレビについて考えること——五番勝負

テレビVSギリギリ演出

テレ東に入社した僕が最初に配属された部署は、編成部でした。

編成。なんとなく耳にすることはあっても、放送局以外の企業では馴染みがないかと思います。編成の仕事は、社内の交通整理であり、会社の頭脳。収支や経営を含めた意思決定をして、現場と対話したり、色々な部署の意見を調整しながら、方針を決定する中枢のセクションです。テレビ局にとってある意味一番大事な番組のタイムテーブルを決めるのも、編成です。

そんな結構大事なセクションに配属されましたが、「将来どこで活躍したいの?」と聞かれると僕は、「うーん、報道ですかね」と答えていました。はっきりしたビジョンがあったわけではありません。ただ、入社試験で「報道で活躍したい」とワーワー言ったイメージがずっと残っていたからです。

しかしそこで僕の上司だった近藤さん（現・テレビ東京制作 社長）と大島さん（現・テレビ東京制作局長）が、僕にこう言ってきました。何度も何度も。

「おまえは本当にバカだな。おまえみたいなバカは報道をやるべきじゃない」

「どうしてですか？」

「当たり前じゃないか。バカな人間が事件や政治を伝えたら視聴者に失礼だろ？」

「確かにそれほど知識はないですけれど。でも、そんなにバカだとは思わないですよ。第一、報道の人がどれだけ頭がいいんですか？」

「だからバカだと言うんだ。俺はおまえを褒めてるわけ。じゃなかったらバカと言わないんだ、バカ」

今考えれば、「事件を正確に伝える報道より、ゼロから物事を作る制作がおまえには向いている」と遠回しに言ってくれていたわけです（たぶん）。お二人は制作出身だったので、僕が現場を面白がる空気を感じ取ったのだと思います（おそらく）。

そしてしばらく経ってその助言を理解した頃、「それならば行ってみようかな〜」とふわふわ思い始めました。異動は希望が必ずしも通るわけではなく、現場に行けるとも限らなかったのですが、そのうちに、僕は制作へ異動になったのです。

それからＡＤの修業期間を経て数年後。僕は『愛の貧乏脱出大作戦』というみのもんたさん司会の番組でディレクターデビューしました。先日、一〇年前の映像を見る機会があったのですが、これが改めてすごかった。

仕事がうまくいかないストレスから、息子に手を上げようとする父親がいます。そんなダメな亭主に、奥さんはイライラしている。そして奥さんはにっちもさっちもいかなくなった状況で、「ここにハンコ押して！」と離婚届をたたきつけます。憮然《ぶぜん》としながらハンコを押そうとする亭主——。

もう面白そうでしょう？　そして殴ろうとする瞬間、離婚届に判を押す瞬間、どこにも当たり前のようにカメラが回っているんです。

「ヤラセじゃないか⁉」と思う人がいるかもしれませんが、別に脚本を演じてもらっているわけではありません。れっきとしたドキュメンタリーです。

しかしなぜこんな決定的瞬間を撮影できたかというと、そのタイミングを想定してカメラがいるんです。ただそれだけ。ディレクターは、取材対象者と何日も一緒に過ごして、距離を密にします。そうすると、だんだん相手の良いところも悪いところも見えてくる。つまり、人間関係が生まれる。やがて、その存在すら空気となる。つまり、カメラをかなり気にしなくなる。そして、事件は普通に起きます。この場合、人間関係を作ることそのものが演出なのです。簡単に書いちゃいましたが、これは、難しいです。

また『貧乏』ではダメな亭主がその道の達人から技術を学び、しくじるシーンも見せ場でした。その画を手に入れるため、ディレクターは亭主とずっと一緒にいます。修業中、亭主が眠くなって、うとうとしだすと、「寝たらダメです」と声をかけて眠らせません。

「少し寝かせてください」

「何言ってるんですか？　すぐそこに達人がいるんですよ。失礼じゃないですか」

そうするとどうなるか？　亭主は「眠い。もう帰りたい」とボヤきだします。

亭主はもともと、番組の主旨に賛同して参加したはずです。「どんなことがあっても、最後までやり抜きます」と強い意志を持って。しかし三日後、そこにある感情は「いい加減にしてくれ！」になっています。「どんなことがあっても……」は嘘と化します。これがその人の一面……。

結果、達人が教えている最中に、ぶっきらぼうな態度を取ったり、居眠りしたり、失礼なことをする。「ちゃんとしろ！」と怒る達人——そこにカメラは回っているのです。

「そこまで踏み込むなんて、おまえらは何様だ」と思うでしょうか。

でも、これは番組という名のもとに成り立つ、演出の範疇だと思います。『貧乏』は、ギリギリの地獄から人間同士がぶつかり、壁を乗り越え、泣き、新たな未来へ強い意志を見出す。そして再出発を果たすまでの修業という名の荒行が番組の内容となっているのです。その名のもとに許される演出は数多くあります。その人のいいところ、いやなところを見せるためのギリギリの演出。その上で、間違いのない真実を映す。どんな人間も化けの皮が剝がれるのに三日かかるのならば、その限界を破らなければいけません。ここから、ドキュメンタリーという名のドラマが始まるのです。「眠気」すら突破できないで、何が「人生再出発」ですか？　と。これこそ、番組VS亭主のギリギリの勝負。目には見えない演出です。

そして何故、こうしたドキュメントバラエティが面白く感じるかというと、現場のディレクターが「やばいぞ。出演者が怒って番組にならないんじゃないか？」とハラハラしながら作っているからです。テレビマンとして勝負をしているんです。作り手の感情は視聴者に伝わります。作り手がドキドキしない番組は、視聴者もドキドキしないですから。

「やらせ」と「演出」は違います。やらせとは本当はそんなことが起きていないにもかかわらず、嘘をつくこと。これは露骨すぎた場合、真実を曲げてしまうため往々にして支障をきたします。それに対して演出は、真実をショーアップしたり面白く見せることです。それはテレビが持つ、そもそもの機能。だから視聴者は楽しんできました。

たとえばある家族を一年かけて追ったドキュメントがあるとしましょう。もしその家族に日常起きていることを日記的にただただ流したら、つまらないし、誰も見ないはずです。でもその中で、一年に何度かある大喧嘩をフォーカスして取り上げれば、視聴者には「問題をかかえたケンカ家族」という印象を与えることになります。これは事実を曲げた「やらせ」でしょうか？　断じて違います。ある視点のもとで対象を面白がって見せる。それは演出です。もちろん全てにおいて演出が許されるわけではなく、バラエティのように演出を施して良いジャンルと、ニュースのように演出をくわえてはいけないジャンルがあります。誤解無きよう……。ただ、逆に許されるものまで許さなくなると、テレビはつまらなくなる一方です。

今ではギリギリの演出も、「やらせ」という名のもとに一刀両断されるかのような空気になり、かつての、大人が大人に対して発信する「遊び」を共有するような番組はかなりなくなってしまったように思います。「面白がる」という牙を失った今、『貧乏』のような番組は誰にも撮れません。そしてそこには、視聴者が楽しむ、「遊ぶ」余裕も失われてしまったのではないでしょうか。

でも僕は、今でもそういう番組があっていいと思います。ジャンルはなんでもいいから、各局一つか二つ、「おーっ!?」と思わせる番組があることで、テレビはもっと活性化するはずです。

テレビVS視聴者

テレビVS視聴者。この勝負の行方はある意味はっきりしています。「面白い」と思わせたらテレビの勝ち。「つまらない」と思われたらテレビの負けです。

しかしここで注意してもらいたいのは、あるテレビ番組VS視聴者ではないということです。偶然見かけたテレビ番組には当たり外れがあって、それぞれに「面白い」「つまらない」と思うかもしれませんが、勝負はそれで決着がつくわけではありません。テレビ全体が面白い、と思われればいいのです。

それではどうすればテレビ全体が面白いと思われるようになるか？　必要なのは〝文化圏〟ではないかと思います。

たとえば現在放送してる番組で『ガイアの夜明け』が抜きん出て好きな視聴者がいたとしましょう。その人は『ガイア』の放送時間になると、必ずテレ東にチャンネルを合わせてくれるはずです。

ではそれ以外の時間、「特に決めてる番組はないけどテレビをつけるか」……という時、どの局にチャンネルを合わせるのでしょうか？

その人は各局のイメージに従ってチャンネルを合わせるはずです。「ニュースが見たいな」と思ったらＮＨＫ、「ドラマが見たいな」と思ったらＴＢＳ、「バラエティが見たいな」と思ったらフジテレビ。そのように、面白いと思わせるものを放っているチャンネルを選ぶ。

何を言いたいかというと、「無意識にリモコンのスイッチを押してもらうには、一個の番組ではムリ」ということです。テレビはフローで、常に流れている時間を売っています。

ということは点――ひとつの番組を提供して成功するのは難しい。視聴率を獲得しようと思ったら、各局は面積――チャンネルの持つイメージを伝えていかなければ勝てないわけです。つまりブランディングです。

まさにそういうイメージが確立していたのが、僕が学生だった頃のフジテレビの深夜番組でした。特に僕が好きだったのは、『カノッサの屈辱』。本当に起きている社会現象を無理矢理歴史になぞらえて解説する、アイディア勝負の内容で、高尚で面白かった。それ以外の番組も好きなようにやっているイメージがあって、「フジの深夜はくだらないな〜。バカだな〜」と夜中に起きているとついチャンネルを回していたものです。現在のフジテレビへのコメントは……特にありませんが。

今、かつてのフジに近いのは、テレ朝のバラエティです。『アメトーーク』『お試しかっ！』などなど、元気のいいバラエティが育っている。かつてのテレ朝はテレ東と同じ旧態依然とした状態で、制作現場の意向を理解してくれない上層部が現場を押さえ込んでいるように見えました。しかし「自分達はこういうバラエティを作っていく！」という計画を遂行して、どんどん変わっていったと聞いています。

何がすごいかと言うと、時間と金と労力と人を集結させることで、絶対このジャンルでフジテレビに勝ってやろうという思いが伝わってくること。徹底している気がします。そして深夜で調子のいい番組は、どんどんゴールデンに上げる。薪をくべ続けるんです。

ゴールデンに進出する時は、少し広い層に向かって月並みなこともやれと、なりふり構っていない様子も見受けられます。たぶん節操がないとか、社内で批判もあると思うんです。でも全体をごっそり巻き込んでやるには、それぐらいやらないと、変わらないのだとも思います。そこに予算と人とを投じて競争させることに関しては、テレ東の六〇〇倍ぐらいしっかりしています。会社全体で手間をかけて、〝文化圏〟を作っているわけです。

結局、「テレ東って面白いよなー」と視聴者から認識されるためには、〝文化圏〟を作らないといけないんです。「文化圏を作る」なんてずいぶんカッコいい響きですが、言わんとしていることは、一人の力で戦えないなら、みんなの力で戦いましょう、ということに他なりません。

もっと大きい視点で考えれば、〝文化圏〟は局に限った話ではないのかもしれません。

今、テレビの視聴者が減少していく中で業界が衰退しないためには、全ての関係者が面白い番組をたくさん流して、「テレビは面白いもの」という〝文化圏〟を改めて作る必要をひしひしと感じます。そうして視聴者が「テレビは面白い」と素直に認めた時、テレビは勝ったと言えるのではないでしょうか。そうしてはじめて、輪廻の歯車は回り続けます。作り手同様、視聴者も歳を取ります。その時代、その世代が「面白い」と感じるものはこれから作られていきます。それを半歩先に作れるか？　その感性は常にテレビマンに求められているのだと思います。この場を借りて視聴者の皆様に大声で言います。

そんな僕らテレビマンと勝負です。

ダメなら、思いっきり殴って下さい。

テレビＶＳゴールデン

『モヤモヤさまぁ～ず2』の話をしましょう。深夜で好評だった『モヤさま』はゴールデンに進出しました。

編成部長からその話を打診された時は、「えっ？」と驚きました。深夜でずっと続けていくつもりだった『モヤさま』が、いきなり日曜七時。驚くなというのがムリな注文です。

入社して一六年、改編において一番悩んだのではないかと思います。ですが結局いろいろ考えた結果、ゴールデンを引き受けることに決めました。

スタッフに時間帯が変わる話をすると、誰もが「それはないですよー！」という反応でしたし、番組の進行役である大江アナには、「絶対反対です」と言われました。あの空気感は深夜の方が見やすいという、彼女なりの気持ちがあったんでしょうね。「だって今うまくいってるじゃないですか!?」とも。

どうして移動しなくてはいけないのか、という思いは僕も、そしておそらく出演者のさまぁ～ずも持っていました。でも成功してお客さんがたくさんついたからこそ、もっとみんなが見てくれる時間帯へ動く必要性が出てきたわけです。それを否定すると、テレビ局は番組が成功すること自体を否定することになってしまいます。

僕自身、悩みましたが絶対深夜でなくてはいけない、とはもともと考えていませんでした。ゴールデンへの進出は、良いことだと僕は思っています。なぜならこれまで『モヤさま』を知らなかった人が見てくれるからです。平日二四時を過ぎた深夜番組には、お子さんがいる主婦層や、二〇代後半～三〇代前半の層がなかなか見てくれないという壁がある。

でも、その視聴者層は『モヤさま』を好きになってくれる可能性を秘めている。さまぁ～ずに時間帯変更を説明したら、「伊藤君がやるならやるよ。確かにもっと見てもらっていい番組だし」と前向きな即答でした（「でも不安だよな～」とも言っていましたが）。『モヤさま』は街を歩くのが鉄板中の鉄板。昔からテレビでやってきていることで、それをゴールデンでやっちゃいけないなんて全然思わない。むしろやった方がいいんじゃないかと思います。

ファミリーやお年寄り、いろんな世代が楽しんで、「癒される」と言ってもらいたい。勢いが出た方が番組的にも良いに決まってますから。それにゴールデンに行って、テレ東のバラエティが持つ質感を広く伝えたいとも思っていました。

ファンからは「なぜ？」「そんな！」という声も届きました。確かに毎週深夜、その時間は家にいて、『モヤさま』を見るのが好きだったファンは、裏切られた気持ちになるかもしれません。そこに対しては、本当に「ごめんなさい」です。

スタッフ、ファンから反発があったのは、ゴールデン昇格に悪いイメージが定着していたからです。近年、深夜で人気が出たバラエティは、ゴールデンに移行するケースが目立ちました。しかし蓋を開ければ「番組内容が変更→視聴率低下」もしくは「視聴率低下→番組内容が変更」のどちらかの経路を通って「番組終了」に至ることも少なくない。だから視聴者には、深夜からゴールデンへの移行は、番組がボロボロにされるような意識があるのだと思います。

ただしそれは番組の内容を変えすぎるからです。番組によってはゴールデンということで、コンセプトもクソもなくて全部変えてしまう。テレ東は特にそうだけれど、変えることが前提で移動させることはありません。僕もそこに対しては抗《あらが》います。

だからもともとあったものがなくなることに抵抗があるファンに、根本的には変わりませんよと伝えます。ただし今まで見なかった層も見るわけであって、変えても番組が壊れないことに関しては、変えてもいいと思っています。ゴールデンから見始めた視聴者にとって「深夜からやってました」なんて、「あ、そっ」でしょうから。

その時間帯に行ったら行ったでやり方はあると思うんです。大体、僕はスタッフに「ゴールデンを遊んでやろう」と言いました。深夜にぐだぐだやっていたことをゴールデンでやれば、よりくだらなく映る効果だってあるはずなのです。

もちろんちょっとイヤだなと思うことをやらなくちゃいけないのは多分にあります。たとえば『やりすぎ』がゴールデンでエロを止めることは残念なことです。でも子供が起きている時間に「モンロー祭り」や「天王洲猥談」をやるのは、ただの非常識ですから。

それを僕は「みんなで血を流す」と言っています。前へ進むには傷を負うこともあるんだと思います。人間関係が壊れることもあるでしょう。でも、流すべき血は、みんなで流すべきです。

さてゴールデンに進出してから半年ぐらい後のこと。『モヤさま』は、築地、銀座、日光などのメジャー地域に向かいました。はっきり言います。

視聴率を獲るためです。

あ〜スッキリした。日光と『モヤさま』。ちょっと意外な組み合わせでしょうか。確かに方々で、「置きにいってる」（安全な所を攻めている）との声が上がりました。でも、これが典型的な『モヤさま』スタイル。ひとつの原点回帰なのです。『モヤさま』の第一回は北新宿という、あんなきらびやかな新宿の脇道に行ってるんです。日光の脇道に入るのも同じこと。日光でも『モヤさま』らしい感じが出せないと、『モヤさま』は『モヤさま』

じゃなくなるのです。もちろんマイナーな地域も含めて、どこへ行ってもできる番組にしたい。そのコンセプトのもと、誰もがイメージできるメジャー地域のモヤモヤ探しが原点の一つなのです。日光は観光地。新宿は都会。日光には、新宿とは全く違う期待値がある。つまり、視聴率に対しても、全く違う期待値が生まれる。新宿では見ない人もいるでしょうし、日光では見たいと思う人もいると思うのです。でも、番組そのものを壊していない。

『モヤさま』で行く土地には二つのタイプがあります。

ひとつは路線図や地図で見たことはあるけれど、行ったことはない土地のパターン。新小岩、新井薬師前、池上線池上駅……。みなさんがイメージする『モヤさま』であり、『モヤさま』のもうひとつの王道です。もともと『モヤさま』の企画は、「よく考えたら自分が使っている駅の隣の駅すら知らないよね」という発想が発端でした。かつて僕が住んでいたのが中央線の武蔵小金井駅で、近くの東小金井と武蔵境と三鷹に目的を持って下車したことがなかった。これって企画にならないかなーと考えて、『モヤさま』の核は生まれたのです。

もうひとつは知名度の高い土地であり観光地。銀座だったり、熱海だったり……究極はハワイです。みんながハワイだったらハワイの「海！」「リゾート！」といったイメージを持っているけれど、一歩裏に入ると神社やスケート場が出てきちゃう。しょうがないですよね、そこにあるんだから。つまりシンボルに対して、モヤっているものがあるわけです。

つまりメジャーな観光地から、マイナーな土地まで、幅広い場所でできる番組ということ。目抜き通りを歩いても、そこに置いてあったゴミ箱に「田中」と書いてあったら、そこにツッコんで何分も展開できるんです。行っていないところもたくさんあるし、再び訪れても街が変わっているから、ほぼ無尽蔵。行きたいなと思っているところに行けばいいんだと思っています。

それでも、「行くところはどこでもいいなんて言いながら、結局、視聴率が獲れる地域に行くの？　それって他の旅番組と同じじゃん！」という声もあります。僕としては、なるべく有名なところへ行って視聴率を獲る、その中で新たな旅バラエティなるスタイルが『モヤさま』から生まれればいい。この段階を絶対に通る必要はある。そうしないことには番組を認識してもらえませんから。まずは見てもらわなきゃならないんです。

一回、日光や銀座を通過することによって、ひとりでも多くの人が「面白かったね」と言ってくれればいいんです。番組が成功するには、「さまぁ〜ずって面白いんだね！」と八〇歳のおばあちゃんにも五歳の幼稚園児にも言ってもらわないといけない。そのために日光を持ち出すのなら痛くも痒《かゆ》くもありません。

最終的にはマイナーな小岩でも、メジャーな銀座でも、「どこに行っても面白いね」でチャンネルを回してもらったら勝ち。その時、初めて『モヤさま』は成功します。

そのためにはゴールデンの時間帯にお茶の間にいる〃一見のお客さん〃の視点も意識して、六〇代、七〇代の人が見ても笑えるポイントは最低限作るべきですし、説明すべきことは説明すべきです。それは魂を売っているということではないのです。メジャーな地域を『モヤさま』で遊びつくすための必要な苦労であり、必要な血を流す作業なのです。

結局、『モヤさま』でも日光の回は高視聴率を記録しました。幅広い視聴者に見てもらえました。意外といい血が出ました。まだまだゴールデンとの戦いは長く続きそうですが、僕としてはそれも楽しみにしています。

さて。

日光に行った後、さまぁ～ずも初心に返った雰囲気があり、飲みに行った時、「もともと『これが面白い』と決まっていることがない番組だからね」と一言。そういう初心に返れば、どこに行っても大丈夫、この番組は長く続くな、と思えます。『モヤさま』は大竹さんが白髪になっても、三村さんがハゲちゃっても、それでも歩いてる番組であってほしい。

やっぱりどうしたって、番組は長く続いた方がいいんです。そうすれば視聴者と格闘しながら一緒に年をとって、深く愛されますから。

僕が理想とするテレビ番組――というと大げさですが、こうあったらいいなと思うのは、チャンネルを回して「バカなことやってるな～。あ、なんか元気出てきた。明日ちょっと頑張れそうだな」と思える番組です。そんな人が一人でも多くいて、その期間が少しでも長く続く方が幸せですよね。そこに向かって血を流すことには、何の疑問も覚えません。

視聴者とテレビの関係には、いろいろな形があると思います。ただテレビはいい意味で時間つぶしとして最高のツールであるので、〝読後感〟が大事です。だから見て気持ち良かったり、生活を豊かにしたり、視聴者に何かしらプラスに働くものを提供していきたい。そういう番組が増えるほど、テレビ業界全体も活性化していくでしょうから。

テレビVS大震災

二〇一一年三月一一日。僕は会社にいました。

大地震が起きた時、たまたま営業のフロアにいた僕は「やばい!」と机の下に飛び込みました。すぐ自宅の固定電話にかけたところ、運よくつながって、妻も子供も大丈夫とのこと。ひとまず安心し、そのまま仕事を続けたのです。

当時、『ミステイクン』という野性爆弾さん主演の映画を作っていて、作業は大詰めの状況。中断するという選択肢はありませんでした。映画をまとめるため、渋谷の制作会社に向かわないといけなかったのですが、交通手段が見つかりません。甚大な被害状況が全く分からないまま、夜中まで待っていると地下鉄が動きだしたので、代々木公園まで移動し、とある制作会社まで歩きました。そこで朝七時まで仕事をしたのです。中には身内と連絡が取れない東北出身のスタッフもいました。もちろん心配です。でもその時は目の前の仕事を片付けることに集中しなくてはいけませんでした。

朝九時。仕事も一段落つき、タクシーがつかまったので会社へと戻ると、驚くべき映像が届き始めていました。会社の上層部は報道特番を流すよう指示しています。担当常務に「制作として何をしたらいいと思う?」と聞かれた僕は、正直に答えました。「分かりません」と。

実はその五日後から、『モヤさま』は海外ロケでタイに行く予定でした。しかし、即座に海外ロケへ行ける状況ではないと判断しました。そこで企画を白紙に戻して、大江アナのスケジュールを報道に渡しました。スタッフには会議の中止を告げ、結局、二週間ほど会議はキャンセルしました。スタッフにはまず、自分たちの家族や生活を平常に戻してほしいと思ったからです。まともに物事を考えられない状態だから、ヘタに考えてはいけない。そう思ってスタッフにどうしたらいいか意見を聞いて、さまぁ〜ずとも今後について話をしました。

日本のこと、被災地のこと、原発のこと。心配事は限りなくありました。しかし自分の仕事に関して言えば、僕は『モヤさま』がピンチだと思いました。もしかして終わるかもしれないという不安すら覚えた。というのも『モヤさま』は町のテンションとつきあう番組です。街の雰囲気が沈んでいたら、さまぁ～ずといえども簡単に結果を出せません。東京の街に日常が戻るまでどれだけ待てるか、その時点で全く予想がつきませんでした。

また震災前から『ちょこっとイイコト　岡村ほんこん♥しあわせプロジェクト』という新番組も動いていました。たとえば主婦が子育てで休むヒマもない。じゃあ僕が手伝いますよと、タレントが普通はしないことをやっていく企画です。でもこんな時に「ちょこっとイイコト、ってなんだよ？」と見られるんじゃないか。タイトルはこれでいいのか。コンセプトはこれでいいのか。いろいろ悩みました。

震災によって、多かれ少なかれ、テレビの見方が変わりました。あの日以降、目に見えるところでも、潜在的にも、今まで笑えていたものが素直に笑えなくなった日本人は多いと思います。一人亡くなっても大事件なのに、何万人も失った……。そこでアホみたいに笑っていられるのか？　と視聴者も作り手も構えたわけです。

これればかりはどうにもならないことだし、こうした状況でバラエティは力を発揮できません。というのもバラエティ番組、ひいてはお笑い、エンターテイメントは、生活が充足している時、心の余裕があってこそ初めて見られるものだからです。これがただの理屈ではないことを、僕も今回の震災で自分自身の感覚として痛感しました。

何もできない自分がいました。モヤモヤしている自分がいました。

どうしてモヤモヤするのか。それから数日後に、その理由がはっきりします。ある芸人さんと話す機会があり、彼はこう言ったのです。

「不謹慎と言われたら芸人は何もできないですよ。僕らは不謹慎だから面白いわけであって……」

同感でした。

あれだけ大きな災害が起きると、「不謹慎」という言葉による規制がメディアを支配します。不謹慎だからあれをやらない、これをやらない。それが自粛の正体です。もちろん被災者をおちょくるとか、津波をギャグにするとか、どこからどう見ても不謹慎なことは圧倒的多数の気分を害するわけで、放送されるべきではありません。でも不謹慎の範囲を広げてそこに多くを取り入れてしまうことが、被災者を含めたみんなが望んでることかといえば、たぶん違うんじゃないかと思います。

不謹慎ゆえにお笑いやバラエティは存在していて、不謹慎と言われたら存在そのものが否定されてしまう。僕はこのまま「面白いです。でも不謹慎だからやりません」の風潮が続いたらテレビの火が消えるなと思いました。ここはテレビの原点に立ち返って「面白くないです。だからやりません」「面白いです。じゃあやりましょう」の姿勢で番組を作るべきではないか、と感じました。

『モヤさま』に限っていえば、二週ほど休んでから放送を再開しました。「この期に及んでお笑いか」という声もあるとは思いましたが、被災者の方々も待っているかもしれないし、辛い現実を忘れていられる時間をテレビが提供できるかもしれませんから。

『やりすぎ』では震災から三ヶ月ほど経った回で、被災者を客席に招いて芸人によるネタ祭りを行い、そこでMCの今田さんと東野さんは「放課後電磁波クラブ」のコントを披露しました。「放課後電磁波クラブ」とは十数年前に他局でやっていた、S極君とN極君に扮する二人が磁力を使って世直しをするコントです。こう書くと聞こえはいいのですが、二人のコスチュームはほぼ全裸で、時には体をこすりつけあい、時にはコスチュームがずれこむ、相当バカバカしく、だけど本当に面白いコントです。

やはりというか、「これは不謹慎だ」という声も内部からあがりました。でもそれは被災者の方々に本気で笑ってもらえたらいいはずだし、ましてや若手や中堅のようにネタをやる立場でもない二人が、「俺たちにできることはこれだ」と自ら言ってくれたわけです。芸人が何かを与える手段はお笑いしかない。そこをやり切って笑いを作っている。そこに対して「今、不謹慎ですからやめてください」とは軽々しく言えません。「らしくあればいい」と僕は考えました。

「局部だけは出さないでください」とだけお願いしたところ、十数年ぶりのコントにかかわらず、二人は予定していた四分半ぴったりの尺でコントを見せ、最後は昔と同じように「電気を大切に！」のメッセージを送りました。僕は他の仕事で現場には立ち会えなかったけれど、それはそれは奇跡的な収録だったそうです。

こうしたことは、視聴者に言葉で説明して理解されるものではないと思います。だから作り手は大事なことは心にとめておきながら、まず番組を作って、やり切る。お笑いの正体のひとつは「不謹慎」ですが、やり切れば不謹慎ではなくなるし、そこから逃げることが正解だとは思えません。

震災は大きな事件でした。でも誤解を恐れずに言えば「だからなんなんだ」という気持ちもどこかにあります。「面白いものは面白いものとして出していく」というテレビやエンターテイメントの作り方が、それで変わっていいわけがないからです。

今の時点で、「テレビVS震災」に対する僕の答えは「震災前と変わらない姿勢で挑む」に落ち着きました。しかしこれが完璧な答えだとも思っていません。もし震災の被害を受けた人達が見て笑えるものが違う形で存在するなら、それをやります。でも今、その方法は見つかっていない。変え方が分からないなら変えちゃダメ。そこを変えない方が発信する側としては逃げていないんじゃないか。ということなんです。

テレビVS震災の勝敗でいうと、「テレビは負けちゃだめ」だと思います。テレビマンが「もっと番組を面白くする」という本来やるべきことを忘れて、震災の影響に対して過度に反応したり、一人歩きした「不謹慎」に屈するべきではない――。それは、番組を被災者に笑ってもらったことで、僕の中では確信になっています。

テレビVS未来

昔、僕の家でテレビはどちらかと言うと〝悪しきもの〟でした。食事の時間じゃなくてもテレビをつけると怒られて、親から「テレビ見たらバカになるよ」と言われていたものです。

さて、そんな「テレビを見たらバカになる」と言われたような時代から、時は流れて現在。場所は我が家の茶の間。妻と二人の時、うわの空でテレビを見ているとものすごく怒られることがあります。

「私、今何言ったか覚えてる？　そんなに好きならずっとテレビ見てれば？」

僕は家庭にテレビはあった方がいいと思います。でも、このようにテレビが全てにおいて素晴らしいわけではないし、見なくて済むことも多いのが現状でしょう。

最近、世間ではテレビに対して否定的な意見が囁かれています。

「テレビはつまらない」

「どのチャンネルを回しても同じような内容だ」

「テレビは衰退産業」

一体、テレビ業界はどうなっていくのでしょうか？

僕はあまり悲観していません。それは「みんな見てるでしょ？」という気持ちがあるからです。

子供が何かはまっている番組があれば、家族で「そんな夢中になって、そんなに面白いの？」と一緒に見る。昔に比べたら、その機会は減っているかもしれません。でも家族が同じ熱さで見られるメディアなんて、相当珍しいはず。テレビの存在によって、「現代はお茶の間が崩壊している時代」を否定する。それができるうちは、まだテレビは大丈夫ではないでしょうか。

結局、テレビの未来に興味はないとまでは言いませんが、僕は考えても仕方ないなと思ってもいます。

未来に進めば人間、歳を取ります。三八歳の伊藤隆行と三九歳の伊藤隆行は同じではないし、同じではいけない。同様に視聴者も移り変わっていきます。この世は浮世で、流行を生んだギャグが数週間後にはスベっていたり、逆に去年面白くなかったものが面白くなっていたり、常に動いていく。テレビは軟体動物なんです。

つまりテレビマンは、視聴者の感性が移り変わっていく中で、面白いと思うことをやって、その答えを番組で出していくしかありません。

テレビ局ではない会社も同じではないでしょうか。全ての企業は需要者に薪をくべ、ものを売ることで成立しています。イノベーションして新しいものを産み、半歩前へ進まないとシェアは広がりません。僕は、「売る」ということは「豊かな想像力を、勇気をもって提示すること」だと思っています。

そして、移ろい変わっているということは、新しいテレビや面白いテレビはまだまだ生まれる可能性があるということでもあります。

危機感は持ってもいいけれど、悲観しちゃダメ。つべこべ言うんだったら、その前に面白いことを探そう。未来がどうなるとか、ごちゃごちゃ言わずに番組を作った方がいい。それを止めたらテレビは終わりです。

僕は「テレビマン」という言葉が好きで、自分のセンスと才覚を持って動くのがテレビマンだと思っています。それがない人はテレビ作業員。テレビマンは背伸びをして「面白いでしょ?」とバカをやり切らないと、いいものはできません。

テレビの未来を作るには、現場の一人一人がテレビマンであり続けること。もっと言えば、今の時代に面白いことを飲み込める、ある種いい加減でバカなテレビマンであり続けること。それがテレビを廃れさせない、唯一の手段だと僕は思っています。

その熱い魂も……

それぞれの「一%の天才」だと、

僕は確信します。

……とか何とか言ってきましたが、自分自身の未来については僕も分かりません。この本で語ってきた自分が、明日もいるとは限りませんから。今日この時点から僕は、別人に変わる……かもしれません。

最後にモヤモヤさせちゃって、ごめんなさい。

おわりに

伊藤隆行の妻です。

このたびは主人の本を読んでいただき、誠にありがとうございました。この本に主人の考えや人生を詰め込んでみると申しておりましたが、実際出版されること自体、信じられません。私は家庭の伊藤隆行しか知りません。いつの間にか伊藤Pになっていました。家でも仕事のことばかり考えているようです。とにかく人の話をあまり聞いてません。歩いている時も何かないかなと探している感じです。ママさん仲間の輪に入ってくる時も、普通に話しながら「何かネタにならないかな」という感じです。仕事柄しょうがないんですが……でもイヤです。寝ている時も会議中のようです。先日もいきなり「CM入り……」とか「え、ええええ〜ぃ……爆笑……」とか突然ワケの分からない寝言を言ったりしていました。きっと仕事が好きなんでしょうね。

でも具体的に何をやっているのか、私はよく知らないんです。正直、子育てで忙しくて、主人の番組はあまり見ていませんし……。私が分かっているのは、ただ細かいことが出来ない人だと言うことくらい。家のことで分かっているのは自分の着るものがどこにあるかぐらいで、いつも家のハジッコに住んでいる感じです。どこに住むかも、旅行のプランも、ほとんどは私に任せっきりです。これでプロデューサーという仕事が務まっているかと思うと、不思議です。おそらく、一歩家を出ると私の知らない別の人格が発動してるに違いありません。

でも唯一誉めてあげられるのは、マジメな部分です。そこは尊敬しているし、よく頑張ってるなあと思っています。ただマジメすぎるから、会社のことや番組のことを考えて「なんでだー！」と爆発していることもあります。最近では朝、一人でシャワーを浴びながら絶叫している率がかなり上がっています。不器用なんです。家庭で仕事を切り離すことができないのも器用じゃないからで、昔は何とかしてほしいと思っていたんですが、この人には改善できないと今はあきらめています。直してほしい部分も、今は無くなりました。というか無くしました。

真

妻

今はこの人を選んだんだからしょうがない、と思っています。

出会って一八年。主人を漢字一文字で表すならこの文字でしょうか。

主人にその経緯を話したことはありませんが、息子の名前にも使っているんです。

参考資料　伊藤隆行が関わった代表的番組など

■愛の貧乏脱出大作戦

一九九八年四月から二〇〇二年九月まで月曜夜九時に放送された、飲食店や旅館などで借金を抱える店主の再起を応援するドキュメントバラエティ番組。みのもんたが司会・番組進行を務めた。

膨大な借金を抱える店主が同業で成功を収めている「達人」の下で修業を積み、店舗もリニューアルして繁盛店を目指す。番組ではしばしば、店主が厳しい修業に耐えかねて「達人」に暴言を吐く、店主の深刻な家庭事情が影響して修業の続行が困難になる、などの修羅場が映し出され大きな反響を呼んだ。

伊藤隆行はこの番組のディレクターを担当し、店主と寝食を共にしながらその様子を追った。

二〇一〇年一〇月、番組で取り上げられた店主のその後を追った特番が放送され、伊藤がプロデューサーを務めた。店舗のその後はさまざまであり、超人気店となって現在も営業を続けているお店もあれば、達人の教えを破り再び借金を抱える店、さらには閉店にまで追い込まれてしまった店もあった。

■怒りオヤジ3

二〇〇五年四月にスタートした『怒りオヤジ〜愛の説教対局〜』がリニューアルし、同年一〇月にスタートした「説教」バラエティ。

彼氏が四人もいる浮気性の女性、親のスネかじり歴四〇年のニート男、妻が風俗に勤めている男……。それぞれが問題を抱えながら脱却することができず、世間からは「ダメ人間」と呼ばれる人達に芸能人が「愛のお説教」をする。「ダメ人間」役の出演者が一般募集されたこと、司会進行を元AV女優の及川奈央が務めたことなどから放送時は話題を呼んだ。

当初は及川に加えさまぁ～ずの二人が司会進行を務めたが、リニューアル後はさまぁ～ずに代わって芸人のカンニング竹山、おぎやはぎの矢作兼が参加した。

伊藤隆行はこの番組でプロデューサーを務め、出演者の多くはその後『おぎやはぎのそこそこスターゴルフ』『音楽ば～か』といった伊藤が手がけた番組に再度出演している。

■やりすぎコージー

二〇〇四年四月に深夜帯でスタートした『やりにげコージー』が前身のバラエティ番組。二〇〇八年一〇月、「月9革命」と称して月曜夜九時枠での放送が決定し、テレビ東京のバラエティ番組としては異例のゴールデンタイム進出を果たした。

吉本興業所属の芸人らが中心となってさまざまな企画を催し徹底して「笑い」を追求するスタイルの番組からは、芸人が知っている都市伝説を披露する「やりすぎ都市伝説」、芸人同士が本気で格闘技を行う「やりすぎ格闘王」、ゲストにAV女優を迎えトークやコントを行う「モンロー祭り」など数多くの名物企画が生まれると共に、ハローバイバイ・関暁夫、レイザーラモンRG等この番組をきっかけとして注目された芸人が多数輩出した。

伊藤隆行はこの番組に立ち上げ当初から参加しており、プロデューサーとして業界にその名を知らしめるきっかけとなった。

■モヤモヤさまぁ～ず2

二〇〇七年一月に放送された特別番組がきっかけとなってその後レギュラー化した、「街歩き」バラエティ番組。

さまぁ～ずの二人とテレビ東京アナウンサーの大江麻理子が、北新宿や新井薬師前といったテレビ番組であまり取り上げられることのない街、ハワイや日光などの有名な街のあまり知られていない場所を歩きながら、地元の人や街にある変わったお店、スポットなどを取り上げる。番組からは、音声合成ソフトを利用した番組ナレーションの「ショウ君」、一〇〇〇円を投入すると用途の分からない商品が出てくる「千円自販機」、街角に置かれた「ご自由に〇〇して下さい」と書かれた「ご自由にシリーズ」などの名物が生まれた。

二〇一〇年四月に深夜帯から日曜夜七時へ放送時間が移行し、ゴールデンタイム進出を果たした。

番組にはしばしばプロデューサーである伊藤隆行自身も出演し、特番やDVD発売の告知、番組進行を行う。出演時には「伊藤P」の愛称で呼ばれ、番組視聴者からも親しまれている。

■お墓に泊まろう!

二〇一〇年第二回沖縄国際映画祭に出品された、テレビ東京・吉本興業共同制作の映画プログラム。吉本興業は同時期、民放各局のバラエティチームとタッグを組み、他に四作のプログラムを出品した。

経営不振から倒産に追い込まれたテレビ東京は、葬儀屋に買収されてしまう。放送時間は短縮され、葬儀の手伝いばかりさせられる毎日。そんな中、新入社員・今井とプロデューサー・伊藤が社長の死をきっかけに「くだらない葬式中継番組」の制作に取り組む……。激変するテレビ界を生きるテレビマン達の葛藤と信念を描いた物語。

本作で伊藤隆行は、作中のプロデューサー・伊藤のモデルになると共に、自身初となる監督も務めた。

構成／鈴木　工

伊藤隆行（いとう　たかゆき）

一九七二年、東京都出身。テレビ東京プロデューサー。早稲田大学政治経済学部卒業。バラエティ番組を担当し、特に深夜帯で数多くの挑戦的な番組を成功させたことでその名を知られる。主な番組に「モヤモヤさまぁ～ず2」「やりすぎコージー」「ちょこっとイイコト　岡村ほんこん♥しあわせプロジェクト」など。過去には「怒りオヤジ3」「人妻温泉」などを手がけた。

伊《い》藤《とう》Pのモヤモヤ仕《し》事《ごと》術《じゅつ》

集英社新書〇六〇七B

二〇一一年九月二一日　第一刷発行
二〇一三年三月一三日　第四刷発行

著者……伊《い》藤《とう》隆《たか》行《ゆき》
発行者……加藤　潤
発行所……株式会社集英社
東京都千代田区一ツ橋二-五-一〇　郵便番号一〇一-八〇五〇
電話　〇三-三二三〇-六三九一（編集部）
〇三-三二三〇-六三九三（販売部）
〇三-三二三〇-六〇八〇（読者係）

装幀……原　研哉
印刷所……凸版印刷株式会社
製本所……加藤製本株式会社

定価はカバーに表示してあります。

ISBN 978-4-08-720607-4 C0236
Printed in Japan

a pilot of wisdom

集英社新書　好評既刊

社会——B

その死に方は、迷惑です	本田桂子
テレビニュースは終わらない	金平茂紀
王様は裸だと言った子供はその後どうなったか	森　達也
プロ交渉人	諸星　裕
自治体格差が国を滅ぼす	田村　秀
フリーペーパーの衝撃	稲垣太郎
新・都市論TOKYO	隈　研吾 清野由美
「バカ上司」その傾向と対策	古川裕倫
日本の刑罰は重いか軽いか	王　雲海
里山ビジネス	玉村豊男
フィンランド 豊かさのメソッド	堀内都喜子
B級グルメが地方を救う	田村　秀
ファッションの二十世紀	横田一敏
大槻教授の最終抗議	大槻義彦
野菜が壊れる	新留勝行
「裏声」のエロス	高牧　康
悪党の金言	足立倫行
新聞・TVが消える日	猪熊建夫
銃に恋して 武装するアメリカ市民	半沢隆実
代理出産 生殖ビジネスと命の尊厳	大野和基
マルクスの逆襲	三田誠広
ルポ 米国発ブログ革命	池尾伸一
日本の「世界商品」力	嶌　信彦
今日よりよい明日はない	玉村豊男
公平・無料・国営を貫く英国の医療改革	武内和久 竹之下泰志
日本の女帝の物語	橋本　治
食料自給率100%を目ざさない国に未来はない	島﨑治道
自由の壁	鈴木貞美
若き友人たちへ	筑紫哲也
他人と暮らす若者たち	久保田裕之
男はなぜ化粧をしたがるのか	前田和男
オーガニック革命	高城　剛
主婦パート 最大の非正規雇用	本田一成

a pilot of wisdom

グーグルに異議あり！　明石昇二郎
モードとエロスと資本　中野香織
子どものケータイ―危険な解放区　下田博次
最前線《フォワード》は蛮族たれ　釜本邦茂
ルポ 在日外国人　髙賛侑
教えない教え　権藤博
携帯電磁波の人体影響　矢部武
イスラム―癒しの知恵　内藤正典
モノ言う中国人　西本紫乃
二畳で豊かに住む　西和夫
「オバサン」はなぜ嫌われるか　田中ひかる
新・ムラ論ＴＯＫＹＯ　隈研吾　清野由美
原発の闇を暴く　広瀬隆　明石昇二郎
伊藤Ｐのモヤモヤ仕事術　伊藤隆行
電力と国家　佐高信
愛国と憂国と売国　鈴木邦男
事実婚　新しい愛の形　渡辺淳一

福島第一原発―真相と展望　アーニー・ガンダーセン
没落する文明　萱野稔人　神里達博
人が死なない防災　片田敏孝
イギリスの不思議と謎　金谷展雄
妻と別れたい男たち　三浦展
「最悪」の核施設　六ヶ所再処理工場　小出裕章　渡辺満久　明石昇二郎
ナビゲーション「位置情報」が世界を変える　山本昇
視線がこわい　上野玲
「独裁」入門　香山リカ
吉永小百合、オックスフォード大学で原爆詩を読む　早川敦子
原発ゼロ社会へ！　新エネルギー論　広瀬隆
エリート×アウトロー　世直し対談　堀田力　玄秀盛
自転車が街を変える　秋山岳志
原発、いのち、日本人　浅田次郎　藤原新也ほか
「知」の挑戦　本と新聞の大学Ⅰ　一色清　姜尚中ほか
「知」の挑戦　本と新聞の大学Ⅱ　一色清　姜尚中ほか
東海・東南海・南海　巨大連動地震　高嶋哲夫

a pilot of wisdom

集英社新書　好評既刊

藤田嗣治　本のしごと〈ヴィジュアル版〉
林 洋子　024-V

画家・藤田嗣治の「本にまつわる創作」を精選し、図版を中心に紹介した一冊。初公開の貴重資料も満載。

長崎　唐人屋敷の謎
横山宏章　0598-D

徳川幕府の貿易の中心地は出島ではなく、「唐人屋敷」だった！　その驚きの実態を多様な史料や絵図で解明。

人と森の物語
池内 紀　0599-D

北海道から沖縄まで、森の成功例を訪ねて列島を縦断。文明と自然の共生について深く考察した意欲作。

新・ムラ論TOKYO
隈 研吾／清野由美　0600-B

「ムラ」とは行政上の「村」ではなく、行き詰った「都市」の対立軸を指す。新しい共同体構築を考える一冊。

中東民衆革命の真実―エジプト現地レポート
田原 牧　0601-A

イスラム圏で広がる民衆革命。エジプトでムバーラク政権を追い詰めたものは何か。今後の中東情勢を分析。

原発の闇を暴く
広瀬 隆／明石昇二郎　0602-B

福島第一原発事故は明らかな「人災」だ！　原発の危険性と原子力行政の暗部を知り尽くす二人の白熱対談。

「原発」国民投票
今井 一　0603-A

代理人たる政治家に委ねず、事柄について自らが直接に決定権を行使する国民投票。今、原発の是非を問う。

耳を澄ませば世界は広がる
川畠成道　0604-F

障害を負った視力の代わりに聴覚を研ぎ澄まし、世界を「見つめて」きたヴァイオリニストの人生哲学。

新選組の新常識
菊地 明　0605-D

根強い人気を誇る「新選組」だが、史実と異なるイメージが広がっている。最新の研究結果で実像を明かす。

日本の大転換
中沢新一　0606-C

3・11の震災後、日本は根底からの転換を遂げなければならなくなった。これからの進むべき道を示す一冊。